伊春市天然氧吧

生态气候与气象服务技术研究

—— 贺 萍 主编 ——

辽宁科学技术出版社

·沈阳·

策　划　袁长焕　张福娟

主　编　贺　萍

副主编　李慧斌　袁　园

编　委　贺　萍　李慧斌　袁　园　曲洪亮　王华昕
　　　　郝文鹏　张　新　张英彬　张国柱　侯丽萍
　　　　刘丽敏　凌宏伟　孙　悦　罗宇航　赵　璐
　　　　朱瑞雪　马　晶　闫　琪

编　审　王奉安

图书在版编目（CIP）数据

伊春市天然氧吧生态气候与气象服务技术研究 / 贺萍
主编 . -- 沈阳：辽宁科学技术出版社，2024.7. -- ISBN 978
-7-5591-3701-2

Ⅰ . P468.235.3；P451

中国国家版本馆 CIP 数据核字第 20249WW632 号

出版发行：辽宁科学技术出版社
　　　　　（地址：沈阳市和平区十一纬路25号　邮编：110003）
印刷者：辽宁鼎籍数码科技有限公司
经销者：各地新华书店
幅面尺寸：185 mm × 260 mm
印　　张：7.5
字　　数：160千字
出版时间：2024 年 7 月第 1 版
印刷时间：2024 年 7 月第 1 次印刷
责任编辑：陈广鹏
封面设计：义　航
版式设计：义　航
责任校对：栗　勇

书　　号：ISBN 978-7-5591-3701-2
定　　价：48.00元

联系电话：024-23284526
邮购热线：024-23284502
http://www.lnkj.com.cn

"伊"束美丽的杜鹃花

贺萍同志的专著《伊春市天然氧吧生态气候与气象服务技术研究》在 2024 年伊春市的春天就要到来的时候，由辽宁科学技术出版社正式排录了。这是她和她的同事们用智慧、辛勤、汗水换来的成果和结晶，值得祝贺！

杜鹃花是伊春市的市花，每到春暖花开，火红一片，百花争艳，万紫千红，异常美丽，煞是壮观。这个时候，这部专著宛如"伊"束美丽的杜鹃花，璀璨夺目，给林都的气象学术、气象科研、气象发展带来火红的亮光，带来科技攻难关的力量！

贺萍同志作为伊春市气象台的副台长，同时也是专业气象服务创新研究中心的主任，对伊春市的气候特点、灾害性天气预测预报有比较深入、系统性的分析和研究，积累了大量学术成果，在业务、服务领域有很好的应用，得到同行的广泛认可和好评；她对趋利避害的专业气象服务也有比较全面的、系统性的分析，造诣很深，曾在黑龙江省气象服务技术比赛中取得了优异的成绩。

伊春市是名副其实的天然氧吧城市，也是中国北方第一个天然氧吧全域化地级城市，还是中国特色气象旅游城市。春季火红杜鹃、夏季绿色氧吧、秋季五花山色、冬季冰雪森林，四季特色气候显著。有"林都待客不用酒，捧出绿色就醉人"的美誉。

本书详细叙述了伊春市全域负氧离子监测数据分布特征，并进行了系统的分析和评估。伊春市丰富的负氧离子有利于其开展观光旅游、康养、优生优育和林下经济好产品的种植、生产、销售，有利于其打造"森林大厨房""九珍十八品"以及"氧吧宝宝城市"，更有利于其呈现"中国天然氧吧"的深度体验。

贺萍同志作为伊春市未设气象机构"两县四区"气象服务的主要参与人员，从统筹谋划、方案设计、具体实施以及专项预报服务，到全程参与、全程预报、全程服务，取得了显著的社会效益和经济效益，广受各地党委政府和社会公众的好评。该项目荣获黑龙江省气象工作创新奖。

伊春市是林都北药的种植、生产、销售基地，为此，伊春市气象局专门成立了刺五加北药产业特色农业气象服务中心，获批了林都北药气象科技小院科研项目。贺萍和同事们一起深入研究、精心服务，在专项特色气象服务方面取得了一系列成果，使伊春市成为黑龙江省 3 个特色农业气象服务中心之一，学术成果丰富，对林都北药生产发挥了有效的指导和服务保障作用。

绿色发展，风光无限。伊春，气象赋能生态和旅游发展的势头越来越红火。气象红利，正在成为伊春高质量转型发展的"美丽路径"。气象护航，精彩纷呈。气象学术科研的成果正一篇篇被书写在小兴安岭这片绿色的大地上、神奇的森林里，开花结果，造福大山、造福人民！

此为序，恰似"伊"束美丽的杜鹃花，也是伊春市气象科技能力现代化和社会服务现代化"两个现代化"建设的美丽缩影！

黑龙江省伊春市气象局党组书记、局长

2024 年 5 月 1 日

目 录

1 伊春市自然概况

1.1 地理环境及地形地貌

伊春市位于黑龙江省东北部,地理坐标为东经 127° 37′ ~ 130° 46′,北纬 46° 28′ ~ 49° 26′,东西走向为 145 千米,南北走向为 325 千米,全市边境线长 249.5 千米,小兴安岭山脉贯通全境,与大兴安岭相背而立。地貌属低山丘陵,整个地势西北高、东南低,南部地势较陡,中部较缓,北部较平坦,海拔平均 600 米。市域范围西起铁力市双丰镇幸福屯,东至嘉荫县嘉荫河口,南起朗乡林业局人头砬子山,北至嘉荫县常胜乡。东部与鹤岗市、佳木斯市相接,南部与哈尔滨市接壤,西部与黑河市和绥化市毗邻,北部与俄罗斯阿穆尔州、犹太州隔黑龙江相望,界江长 245.9 千米。与省会哈尔滨公路距离 354 千米、铁路距离 458 千米。

伊春市是大小兴安岭生态功能区的主体,拥有 4 万平方千米的林业施业区,约占全国国有林区面积的 1/6,实际森林覆盖区域为 5736 万亩,木材储量为 2.56 亿立方米,分布着云杉、冷杉、兴安落叶松、樟子松、水曲柳、黄波椤等 110 多种珍贵针阔叶树木,森林覆盖率高达 83.8%,有亚洲面积最大、保存最完整的天然红松原始林群落,每立方厘米负氧离子瞬间最高可达 2.7 万个,素有"中国林都""红松故乡""中国天然氧吧"的美誉,是中国重点国有林区和林产工业基地,也是世界上最大的森林城市。

伊春市境内沟谷密布,水系发育,河流分属黑龙江、松花江两大水系。境内共有大小河流 702 条,均系外流河。属黑龙江水系的河流有 56 条,均在嘉荫县境内。属松花江水系的河流共 646 条,其中 611 条属汤旺河水系,绝大多数在伊春市区境内,部分在铁力市境内。松花江支流呼兰河和巴兰河两个水系的河流计 30 条,均在铁力市境内。

伊春市是黑龙江省重要的森林生态旅游区,森林、地质、河流、空气等旅游资源具有明显优势。境内有多达 72 处的地文景观,尤以汤旺河林海奇石、嘉荫茅兰沟、嘉荫恐龙国家地质公园、朗乡石林、桃山悬羊峰、南岔仙翁山为代表。

1.2 生态及气候特征

1.2.1 生态特征

森林是陆地生态系统的主体,在维护地球生态安全和保障经济社会可持续性发展等方面具有不可替代的作用。伊春市素有"红松故乡"之美誉,因盛产原始红松而著称。红松主要生长在中国长白山到小兴安岭,耐寒性强,木质轻软、细致、纹理直、耐腐蚀性强,被广泛用于建筑、桥梁、枕木、家具等。红松对于人们的价值远远不止于经济价值,据测算,红松的生态价值高于其经济价值1300多倍,红松有超强的吸附二氧化碳的能力,能大量释放负氧离子,对于保护气候环境、净化空气、防风固沙、涵养水源等有不可估量的巨大作用。伊春自建市以来主要以生产木材,尤其是红松为主,进行了近60年的大规模采伐,对国家建设和地方经济发展发挥了不可替代的重大作用。但红松生长周期长、生长速度缓慢、再生能力极弱,所以采伐红松,直接影响着中国乃至亚洲的生态气候。伊春市建设生态城市,首先就是从红松开始的。

2011年年初,天保工程二期开始,伊春市全面停止了天然林采伐,这对于保护伊春现有的森林资源至关重要,是保护物种多样性最见效、最直接的方式,能够让"红松的摇篮"进行充分的休养生息。实施天然林保护工程以来,伊春市森林恢复了,林分质量大幅提高,森林生态系统的整体功能增强,森林涵养水源、保持水土、防风固沙的作用得到加强,不仅改善了小兴安岭的生态环境,而且对于保障松嫩平原和三江平原两大粮仓的安全,对于维持黑龙江和松花江两大水系及其流域的生态平衡,对于保障国家生态安全都具有重要意义。

国有重点林区全面停止商业性采伐后,伊春市按照"绿水青山就是金山银山,冰天雪地也是金山银山"的思路,积极探索接续产业发展路子,让老林区焕发新活力。"砍树人"成了绿水青山的"守护者",生态优势成为高质量发展的新优势。享有"祖国林都""红松故乡""天然氧吧"美誉的伊春市,如今自然资源富集,生态环境优良,旅游资源丰富。

1.2.2　气候特征

伊春市属于寒温带大陆性季风气候,根据1991—2020年气候资料统计,伊春市年平均气温1.2℃,年降水量635.7毫米,年日照时数2367.5小时,年平均风速1.0~1.5米/秒,年降雪日20~30天,按总云量统计的年阴天日数15~30天。伊春市在黑龙江省气候分区图上被划为"小兴安岭寒冷多雨区"。

伊春市春季(4—5月)平均气温3.4℃,降水量101.5毫米,日照时数695.1小时;夏季(6—8月)温热多雨,平均气温19.4℃,降水量395.8毫米,日照时数665.7小时;秋季(9—10月)雨季短暂,升、降温快,大风天多,平均气温2.1℃,降水量114.9毫米,日照时数528.5小时;冬季(11月至翌年3月)寒冷漫长,平均气温–20.0℃,降水量23.5毫米,日照时数478.2小时。春、夏、秋、冬在一年中所占的月份数量大致为2、3、2、5。

1.3　伊春市生态气候与气象服务保障研究的必要性

生态气候的研究和应用涉及多个学科领域,包括生态学、气候学、物理气候学、微气象学、水文学、土壤学、植物生理学、生物地球化学、生态系统生态学和植物动力学等。这些学科的结合有助于理解陆地生态系统如何在气候系统中发挥作用,以及人类活动对生态系统变化的影响。生态气候的形成与植物群落的反作用是关键因素，例如森林植被的存在会改变其周围的生态气候。生态气候的形成与地形、土壤、纬度、海拔等无机条件也有关系，但是作用最大的却是植物群落对环境的反作用，森林等植被一旦消失，生态气候会发生巨大变化。

伊春市在 60 多年的开发建设中，经历了因林而兴、因林而衰、因林而崛起的历程，成为森林对气候变化响应的一个典型例证。伊春市拥有 400 万公顷大森林，目前森林植被率 83.8%，成为当之无愧的"林都"。2010 年，经中国林业科学研究院专家评估，伊春市森林与湿地资源总价值达到 1.26 万亿元，并且每年可增值 1700 亿元，在所提供的生态服务价值中，2/3 贡献给了全国乃至全球，在应对气候变化中发挥了积极的作用。

近年来，伊春市委市政府认真贯彻习近平总书记"让老林区焕发青春活力"的重要指示精神，立足天然资源优势，积极打造"伊春中国天然氧吧城市"品牌。2022 年 7 月 30 日，伊春市荣获"中国天然氧吧城市"称号，是目前全国仅有的 5 个中国天然氧吧城市之一。该称号不仅对当地的植被覆盖率、生态多样性、硬件配套设施等方面有较高的要求，作为空气质量重要指标的年均大气负氧离子浓度也要求达到 1000 个 / 厘米^3 以上。当空气质量较差时，大气中的污染物质会大量吸附沉降负氧离子，导致其浓度下降，因此作为评价空气质量的重要判据，负氧离子浓度与空气质量息息相关。研究森林负氧离子有利于继续推动伊春中国天然氧吧城市品牌的建设和推广，促进氧吧资源开发利用，助力地方经济发展。

伊春市独特的气候条件构成了独特的旅游资源。用气象唤醒了绿水青山，赋能旅游产业焕发新活力，通过气象旅游相关活动和工作，将小兴安岭伊春宝贵的气候资源转化为能够服务政府、社会和人民群众的旅游资源、生态资源和经济资源。让越来越多的社会公众关注到气象旅游，让越来越多的地方政府和社会经济发展受益于气象旅游，充分发挥气象优势，推动伊春市生态旅游和经济社会加快发展。

本书系统性地分析了伊春市气候特征和气候舒适度，尤其是对气候因子的细化和时空分布特征的研究、小兴安岭森林腹地大气负氧离子浓度时空分布特征研究、伊春旅游气候资源特征研究及气象服务技术的研究，为助力伊春市"生态立市，旅游强市"发展战略、"建设绿色龙江，伊春绿色先行"提供了有力的技术支撑。因此，充分利用气候资源优势盘活生态宝库，助力小兴安岭地区生态资源价值转化，具有重要的现实意义。

2 伊春市气候条件分析

2.1 伊春市气温特征

以黑龙江省气象局整编的 1961—2020 年近 60 年伊春市所辖 5 个国家气象站（伊春、嘉荫、乌伊岭、五营、铁力）的气候统计资料为研究对象，进行伊春市 60 年的降水和气温的不同时间序列和空间分布等统计特征分析。为保证数据资料的完整性，对于偶尔缺失的数据进行补差。

2.1.1 年平均气温

伊春市 1961—2020 年年平均气温为 0.78℃，年平均气温变化如图 2.1 所示。

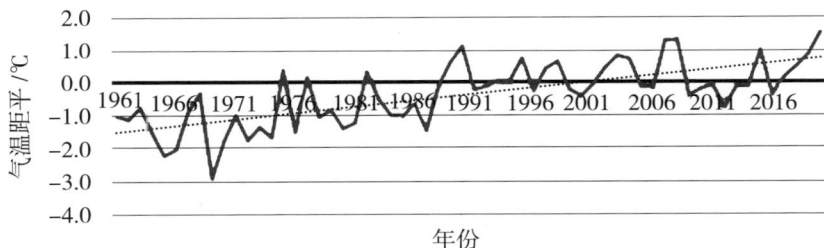

图 2.1　1961—2020 年伊春市年平均气温距平变化

从图 2.1 可以看出，曲线呈现 5～6 年的小周期性波动，周期不断缩短，气温波动上升显著。60 年平均气温升高了 2.6℃，平均每 10 年升高 0.38℃。20 世纪 60 年代到 80 年代初，为低温时段，年平均气温以负距平为主，其中 1969 年平均气温最低，比 60 年平均气温值低 3.8℃。1989—2008 年平均气温显著升高，为偏暖阶段，平均气温以正距平为主，特别是 1990 年年平均气温达到最高值的 1.1℃，2007 年、2008 年年平均气温最高高于 60 年平均值 0.5℃；2009—2014 年回落到平均值以下；2015—2019 年接近 60 年平均值；2020 年达到历年峰值，为 1.5℃，比 60 年平均值高 0.7℃。

按国际气象学统计规定，气温波动超过平均值 ±1℃的年份为气温异常年份。在图 2.1 气温变化曲线中，1961 年、1962 年、1964—1966 年、1969—1974 年、1976 年、1978 年、1980—1982 年、1984 年、1985 年、1987 年为气温异常偏低年份，1990 年、2007 年、2008 年、2015 年、2020 年为气温异常偏高年份。

2.1.2 月平均气温

伊春市 1961—2020 年逐月平均气温，最高月为 7 月和 8 月，月平均气温分别为 20.8℃和 18.7℃，最低月为 12 月和 1 月，月平均气温分别为 −20.5℃和 −23.3℃。月平均气温在 0℃以下的有 1 月、2 月、3 月、11 月、12 月。各月平均气温如图 2.2 所示。

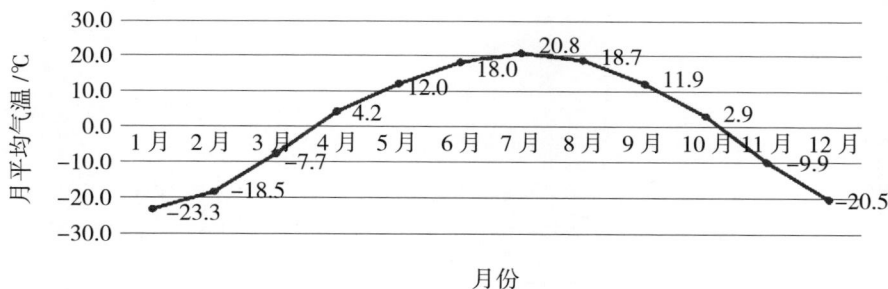

图 2.2　1961—2020 年伊春市各月平均气温

伊春市 1—2 月平均气温北部低于南部，是一年中南北温差最明显的月份。最低为 1 月最北部的嘉荫，月平均气温 −26.4℃。最高为 7 月最南部的铁力，月平均气温 22.3℃。7 月大部分地方月平均气温都在 20.0℃以上，只有乌伊岭为 19.6℃。

2.1.3 最高气温

1961—2020 年伊春市极端最高气温呈上升趋势，极端最高气温自南向北逐渐降低。5 个国家气象站极端最高气温出现情况：铁力极端最高气温平均值 32.51℃，最低 30℃（1966 年），最高 36.5℃（2010 年）。伊春极端最高气温平均值 33.18℃，最低 30.2℃（2003 年），最高 38.2℃（2010 年）。五营极端最高气温平均值 32.89℃，最低 30.1℃（2003 年），最高 37.5℃（2010 年）。乌伊岭极端最高气温平均值 32.32℃，最低 29.5℃（1993 年），最高 36.4℃（2010 年）。嘉荫极端最高气温平均值 34.12℃，最低 30.5℃（1993 年），最高 38.7℃（2010 年）。

2.1.4 最低气温

1961—2020 年伊春市极端最低气温呈上升趋势，极端最低气温自南向北逐渐降低，5 个国家气象站极端最低气温出现情况：铁力极端最低气温平均值 −37.27℃，最低 −43.7℃（2018 年），最高 −28.8℃（2007 年）。伊春极端最低气温平均值 −37.35℃，最低 −43.1℃（1970 年），最高 −30.9℃（2007 年）。五营极端最低气温平均值 −39.46℃，最低 −44.9℃（1970 年），最高 −31.9℃（2007 年）。乌伊岭极端最低气温平均值 −40.79℃，最低 −47.9℃（1980 年），最高 −33.7℃（2007 年）。嘉荫极端最低气温平均值 −41.53℃，最低 −47.7℃（1970 年），最高 −32.1℃（2007 年）。

2.2 伊春市降水特征

2.2.1 年平均降水

伊春市 1961—2020 年 60 年平均降水量 626.32 毫米，变化如图 2.3 所示。

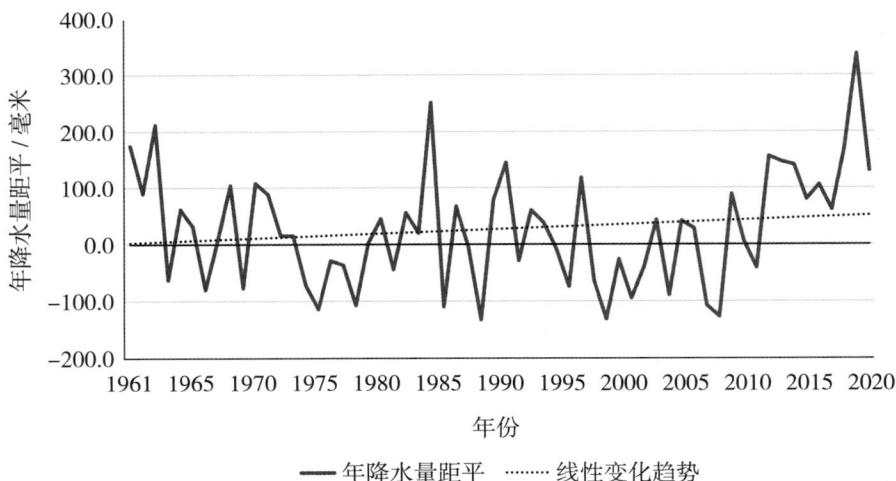

图 2.3　1961—2020 年伊春市年降水量距平变化

从图 2.3 可以看到，年降水量 60 年变化波动比较频繁，波动幅度也比较大，反映了降水量多年平均值的状态不稳定，年际变化比较大。20 世纪 60 年代初降水量增多，60 年代中后期降水量下降，1975—1979 年降水量又比 60 年平均值少 15%。降水偏少的现象一直持续到 1982 年，1983—1985 年平均降水量比 60 年平均值多 17%，1985 年降水量比平均值多 40%。1995—2004 年又出现明显下降趋势，10 年期间平均降水量略少，其中 1999 年降水量少 21%，直到 2003 年出现缓慢回升态势。2009—2020 年降水量逐年明显增多，2019 年降水量最多，比 60 年平均值多 54%。

伊春市 5 个国家气象站年降水量特征如下：

铁力降水量平均值 644.18 毫米，最少 399.4 毫米（2001 年），最多 950.8 毫米（2014年）。降水日数平均值 124.9 天，最少 101 天（1992 年），最多 164 天（1963 年）。日降水量极值平均值 58.24 毫米，最少 28.7 毫米（2001 年），最多 111.4 毫米（2018 年）。

伊春降水量平均值 656.35 毫米，最少 421 毫米（2001 年），最多 995.5 毫米（1985 年）。降水日数平均值 133.35 天，最少 101 天（2007 年），最多 171 天（1963 年）。日降水量极值平均值 58.16 毫米，最少 25.7 毫米（1998 年），最多 133.1 毫米（1990 年、2018 年）。

五营降水量平均值 640.66 毫米，最少 419.3 毫米（2008 年），最多 956.3 毫米（2019年）。降水日数平均值 150.71 天，最少 104 天（2007 年），最多 200 天（1972 年）。日降水量极值平均值 53.65 毫米，最少 24 毫米（2011 年），最多 116.2 毫米（1971 年）。

乌伊岭降水量平均值 604.01 毫米，最少 390.8 毫米（1998 年），最多 966.2 毫米（2019

年）。降水日数平均值 140.31 天，最少 106 天（2007 年），最多 173 天（1974 年）。日降水量极值平均值 50.06 毫米，最少 16.3 毫米（1998 年），最多 111.6 毫米（2021 年）。

嘉荫降水量平均值 597.07 毫米，最少 383.1 毫米（1998 年），最多 858.5 毫米（2019 年）。降水日数平均值 129.27 天，最少 107 天（2000 年、2008 年），最多 160 天（1972 年）。日降水量极值平均值 54.61 毫米，最少 21.8 毫米（2008 年），最多 135 毫米（1999 年）。

2.2.2　月平均降水

伊春市 1961—2020 年逐月平均降水量，冬季少，夏季多。月平均降水量冬季北部略多于南部，春秋季南北部差异不大，夏季南部略多于北部。7 月、8 月月平均降水量分别为 153.8 毫米、136.7 毫米，占全年平均总降水量的 46.9%，是一年中降水最多的月份。7 月降水量最多的是南部铁力，为 174.2 毫米，最少的是最北部嘉荫，为 138.7 毫米。降水量最少月为 1 月、2 月，分别为 5.5 毫米、5.0 毫米，占全年平均降水量的 2%。其中最北部嘉荫 2 月降水量仅为 2.1 毫米。各月平均降水量如图 2.4 所示。

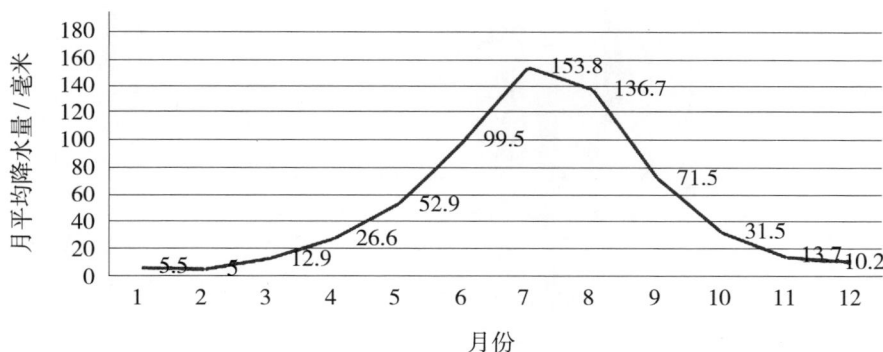

图 2.4　1961—2020 年伊春市各月平均降水量

2.2.3　小时强降水特征

伊春市 5 个国家气象站 1991—2021 年降水量平均实况规律分析如下。

2.2.3.1　1 小时极端降水量

统计每个站每年极端 1 小时降水量，计算 5 站平均值。1 小时极端降水量总体呈增加趋势，集中分布于 20～35 毫米。最少为 1992 年，18.3 毫米；最多为 2014 年，36.6 毫米（图 2.5）。

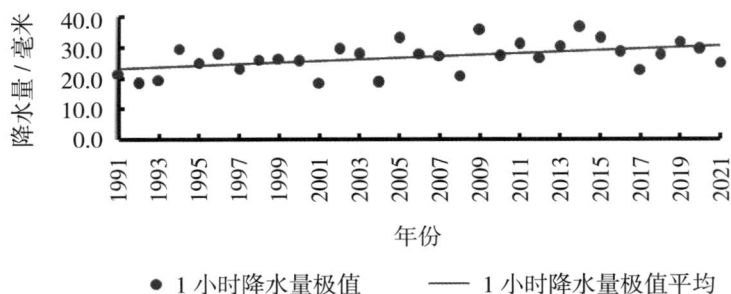

● 1 小时降水量极值　　—— 1 小时降水量极值平均

图 2.5　1990—2021 年伊春市极端 1 小时降水量时间变化趋势

计算每个站 30 年平均 1 小时极端降水量。1 小时极端降水量全部在 20 毫米以上，整体南多北少，分布于 20～35 毫米。最小为乌伊岭站，22.0 毫米；最大为铁力站，32.7 毫米（图 2.6）。

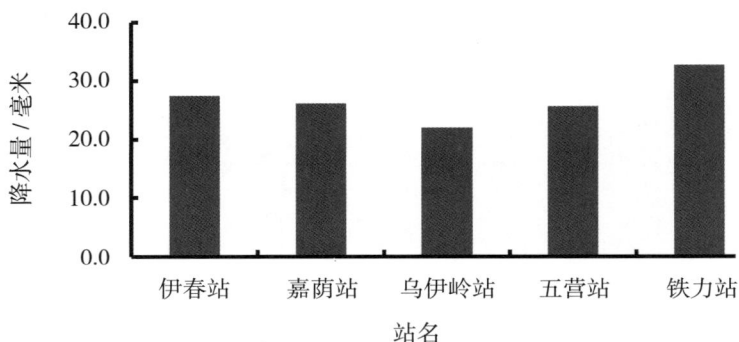

图 2.6　1990—2021 年伊春市各站平均 1 小时极端降水量

2.2.3.2　3 小时极端降水量

对 3 小时极端降水量进行类似统计，发现 3 小时极端降水量也呈增加趋势，集中分布于 35～45 毫米。最少为 1993 年，26.4 毫米；最多为 2014 年，53.2 毫米（图 2.7）。

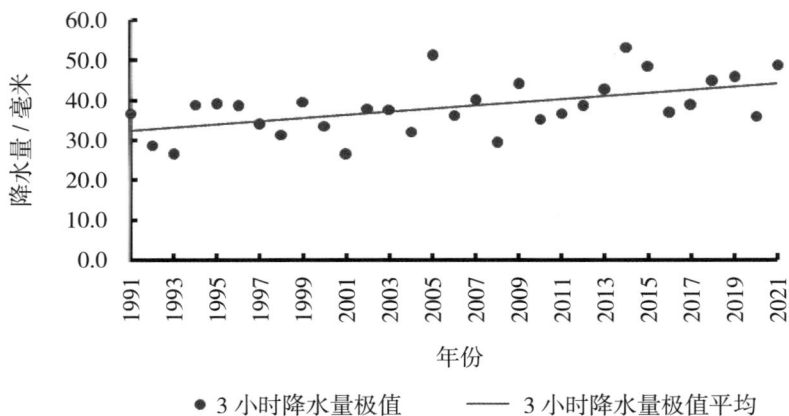

● 3 小时降水量极值　　—— 3 小时降水量极值平均

图 2.7　1990—2021 年伊春市年极端 3 小时降水量时间变化趋势

3 小时极端降水量全部在 30 毫米以上，整体南多北少，分布于 30～45 毫米。最小为乌伊岭站，33.8 毫米；最大为铁力站，44.6 毫米（图 2.8）。

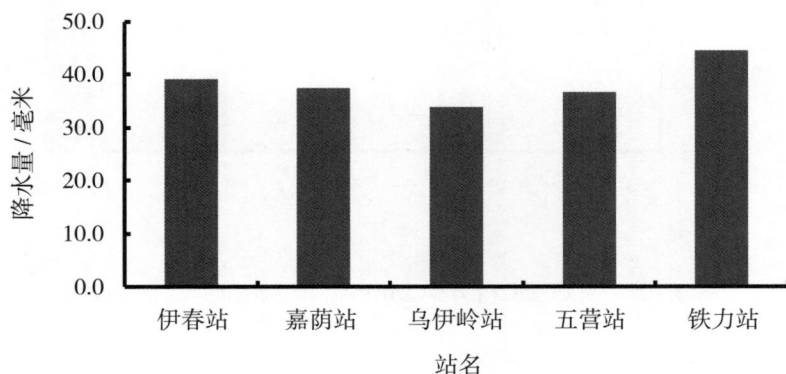

图 2.8　1990—2021 年伊春市各站平均 3 小时极端降水量

2.2.3.3　6 小时极端降水量

6 小时极端降水量总体呈增加趋势，集中分布于 40～55 毫米。最少为 2008 年，30.7 毫米；最多为 2018 年，61.9 毫米（图 2.9）。

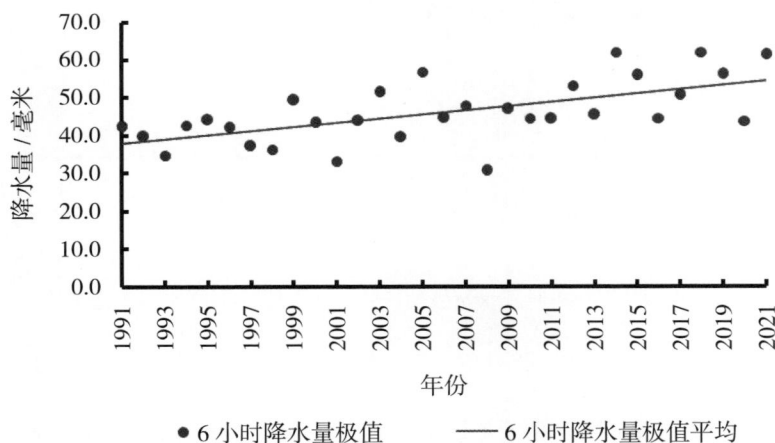

● 6 小时降水量极值　　——6 小时降水量极值平均

图 2.9　1990—2021 年伊春市年极端 6 小时降水量时间变化趋势

6 小时极端降水量全部在 40 毫米以上，整体南多北少，分布于 40～55 毫米。最小为乌伊岭站，42.8 毫米；最大为铁力站，52.3 毫米（图 2.10）。

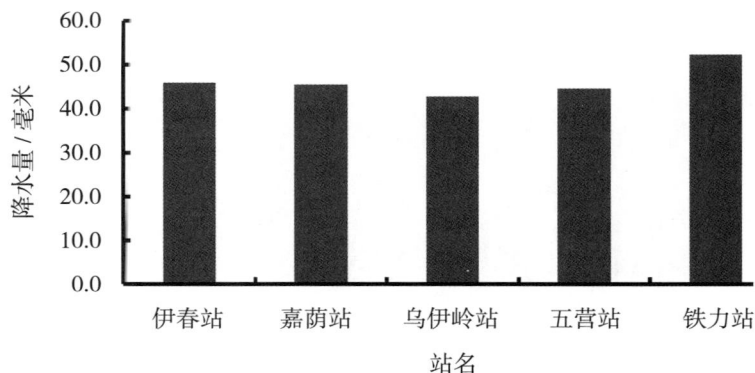

图 2.10　1990—2021 年伊春市各站平均 6 小时极端降水量

2.2.3.4　12 小时极端降水量

12 小时极端降水量总体呈增加趋势，集中分布于 45～65 毫米。最少为 2008 年，33.2 毫米；最多为 2021 年，82.2 毫米（图 2.11）。

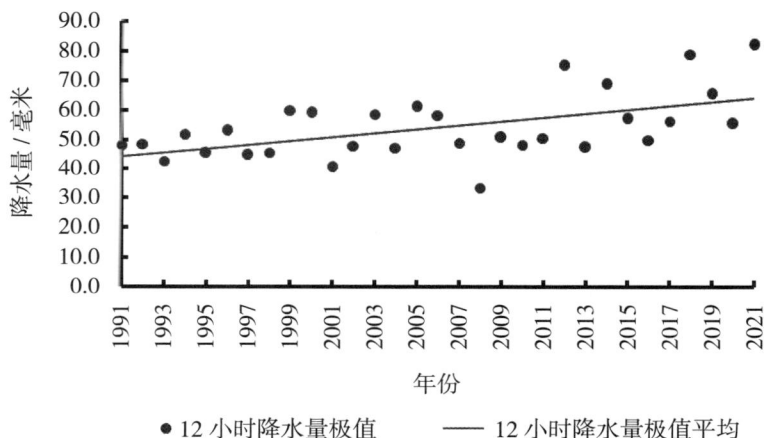

图 2.11　1990—2021 年伊春市年极端 12 小时降水量时间变化趋势

12 小时极端降水量全部在 48 毫米以上，整体南多北少，分布于 50～60 毫米。最小为乌伊岭站，49.6 毫米；最大为铁力站，59.0 毫米（图 2.12）。

综上，伊春市各时效年极端降水量 30 年来呈现波动增加趋势，最小值出现在 20 世纪 90 年代初和 2008 年，最大值均出现在近 10 年内；各时效极端降水量有较明显的南北差异，南多北少，尤其是乌伊岭站最少。

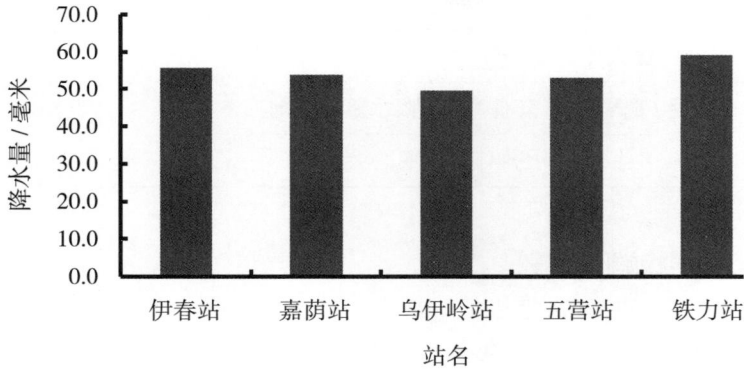

图 2.12　1990—2021 年伊春市各站平均 12 小时极端降水量

2.2.3.5　各站 1 小时极端降水量

统计各站 30 年 1 小时降水量极值，最大为南部铁力站，80.9 毫米，明显高于中北部其他站；最小为北部的乌伊岭站，42.1 毫米；其他站为 50 ～ 65 毫米（表 2.1）。

表 2.1　伊春各站 1 小时极端降水量

站名	最大 1		最大 2		最小	
	降水量 / 毫米	年份	降水量 / 毫米	年份	降水量 / 毫米	年份
伊春	54.4	2005	46	2011	12.1	2001
嘉荫	58.9	2002	52.8	2009	9.4	1998
乌伊岭	42.1	2021	37.3	2019	7.2	1998
五营	63.9	2013	50.9	2009	10.4	1994
铁力	80.9	1998	66.6	1994	12.6	2002

2.2.3.6　各站 3 小时极端降水量

统计各站 30 年 3 小时降水量极值，最大为中部的伊春站，109.7 毫米；最小为北部的嘉荫站，71.2 毫米；其他站为 80 ～ 95 毫米（表 2.2）。

表 2.2　伊春各站 3 小时极端降水量

站名	最大 1		最大 2		最小	
	降水量 / 毫米	年份	降水量 / 毫米	年份	降水量 / 毫米	年份
伊春	109.7	2005	90.3	2005	19.0	2001
嘉荫	71.2	2014	68.8	2007	13.8	1998
乌伊岭	99.2	2021	55.9	2009	9.6	1998
五营	80.1	2015	70.9	2013	13.8	1994

续表

站名	最大 1		最大 2		最小	
	降水量 / 毫米	年份	降水量 / 毫米	年份	降水量 / 毫米	年份
铁力	94.0	1994	92.1	1998	15.8	2002

2.2.3.7 各站 6 小时极端降水量

统计各站 30 年 6 小时降水量极值，最大为北部的乌伊岭站，121.0 毫米；最小为北部的嘉荫站，90.2 毫米；其他站为 95 ~ 110 毫米（表 2.3）。

表 2.3　伊春各站 6 小时极端降水量

站名	最大 1		最大 2		最小	
	降水量 / 毫米	年份	降水量 / 毫米	年份	降水量 / 毫米	年份
伊春	110.0	2005	101.3	2017	23.2	2008
嘉荫	90.2	2014	84.5	2007	16.6	1998
乌伊岭	121.0	2021	67.4	2002	14.3	1998
五营	96.0	2015	89.7	2006	19.8	1994
铁力	96.1	1994	94.2	1998	24.6	2002

2.2.3.8 各站 12 小时极端降水量

统计各站 30 年 12 小时降水量极值，最大为北部的乌伊岭站，169.8 毫米，明显高于其他测站；最小为北部的嘉荫站，103.2 毫米；其他站为 110 ~ 125 毫米（表 2.4）。

表 2.4　伊春各站 12 小时极端降水量

站名	最大 1		最大 2		最小	
	降水量 / 毫米	年份	降水量 / 毫米	年份	降水量 / 毫米	年份
伊春	112.4	2018	110.0	2005	23.3	2008
嘉荫	103.2	1999	91.4	2012	22.5	1998
乌伊岭	169.8	2021	79.1	2002	20.2	1998
五营	110.4	2006	96.0	2015	22.9	2011
铁力	122.3	1994	105.1	2018	30.9	2006

依据极端降水量的时空规律分析，发现伊春市 1 小时和 3 小时降水量中南部多、北部少；6 小时和 12 小时累计降水量最大值均出现在乌伊岭站，最小值均出现在嘉荫站。伊春站为主城区，极端降水的影响主要是城市内涝和积水。五营站和乌伊岭站处于半山区，

地势较高，周围多为林地，北部嘉荫站临近黑龙江，南部铁力站处于平原地带。

伊春市地处小兴安岭南麓，地貌为"八山半水半草一分田"，除嘉荫沿江和嘉荫中部地区、铁力的中西部部分地势较为平坦外，多为山区和半山区，林木覆盖率高。随着城市化进程不断的加深和科技的发展，伊春市大部地质灾害易发区均得到一定的治理。结合对过去灾情的统计，1小时20~40毫米的降水，除造成部分地段道路积水外，很难造成山洪泥石流等地质灾害的发生；1小时50毫米的降水，可能在极个别地区产生一定影响。

近年来，全球气候变暖趋势十分明显。伊春市近60年平均气温为0.78℃，呈明显上升趋势。其中1969年平均气温最低，比60年平均气温值低3.8℃；2020年平均值达到历年峰值，为1.5℃，比60年平均值高0.7℃；1990年、2007年、2008年、2015年、2020年为气温异常偏高年。

伊春市降水量60年波动比较频繁，波动幅度也比较大，反映了降水量多年平均值的状态不稳定。20世纪60年代中后期、70年代后期、80年代前期降水量比60年平均值偏少，直到2003年出现缓慢回升态势。2009—2020年降水量逐年明显增多，2019年降水量最多，比60年平均值多54%。

伊春市气候变化趋势，与森林生态环境、植被的变化有密切关系。20世纪60—80年代天然森林资源因长期过量采伐，导致森林湿地面积减少、生态功能递减。1998年国家实施天然林保护工程封山育林后，伊春市森林覆盖率超过83%，对保护生态环境起到十分重要的作用。

2.3　伊春市日照分析

伊春市日照时数年平均2359.5小时，最少2077.3小时（1983年），最多2640.9小时（2001年），整体呈波动下降趋势。5个国家气象站情况如下：

嘉荫日照时数年平均2484.3小时，最少2019.0小时（2019年），最多2859.7小时（2007年）。乌伊岭日照时数年平均2311.4小时，最少1965.8小时（2021年），最多2630.5小时（2001年）。五营日照时数年平均2220.43小时，最少1972.7小时（1984年），最多2515.0小时（1967年）。伊春日照时数年平均2347.7小时，最少1798.9小时（2012年），最多2744.8小时（2001年）。铁力日照时数年平均2418.3小时，最少2044.7小时（1980年），最多2784.0小时（1975年）。

伊春市月平均日照时数最多238.9小时（5月），最少125.2小时（12月）。极值最多356.5小时（2021年6月），最少76.5小时（2012年12月）

3 小兴安岭森林腹地大气负氧离子浓度时空分布特征

负氧离子也称为空气负离子，是由于空气受到雷电、宇宙射线、紫外线、地表放射性元素等辐射后产生电离而形成的，1889 年人类第一次发现了空气负离子的存在。研究表明，负氧离子能够去除空气中的气溶胶污染物，有效治疗慢性抑郁症，激活人体呼吸器官和血液，对人类行为和情绪能产生有益影响。因此在医学界负氧离子还享有"维他氧""空气维生素""长寿素"等美誉。近年来，中外作者在该领域研究成果呈下降趋势，在研究方向上也产生了差异，国内主要以负氧离子与森林康养、环境因子的关系为主，国外则以负氧离子在化学、工业、医疗方面的应用为主。

空气负氧离子浓度成为创建"中国天然氧吧城市"的一项重要指标，负氧离子研究也因此再次"翻红"，逐渐成为当前国内研究的热点之一。研究表明，我国负氧离子分布存在明显的季节差异，总体呈现出夏秋两季浓度较高，春季次之，冬季最低，而森林区则以春季和冬季较高，城市区以秋季较高。一天当中凌晨和上午的负氧离子浓度要高于下午和晚上，夜间呈逐渐上升的趋势，最大值常出现在深夜至凌晨时段。不同区域环境空气负氧离子含量差异显著，负氧离子浓度变化与周围植被疏密、通风情况、离水源地距离等密切相关。森林地区空气负氧离子浓度明显高于无林地区，湖泊、瀑布等水体所在区域空气负氧离子浓度明显高于无水体区域。

目前，针对小兴安岭地区负氧离子的研究尚属空白，本研究从伊春市不同环境的 20 个负氧离子观测站点中挑选数据质量好的 14 个站点，选取 2021 年的完整监测数据，分析得出小兴安岭腹地空气负氧离子浓度的变化特征，以期为促进伊春康养旅游产业健康发展、推动小兴安岭氧吧资源价值转化提供科学依据。

3.1 大气负氧离子浓度观测设备及数据来源

2020 年伊春市创建"中国天然氧吧城市"，在全市 10 个县区统一布设 20 个 FLZ1–213 型大气负离子自动观测系统。该设备由威德创新科技（北京）有限公司生产，已经通过中国气象局考核，取得装备使用许可证，在国内的气象、林业、环保、旅游等领域广泛应用。数据来源于其中的 13 个负氧离子监测站 2021 年完整的逐 5 分钟数据，并建立数据集。这些站点分布在不同的地理环境，运行稳定，数据完整、连续性好，具有较高的区域代表性，能够真实地反映小兴安岭腹地的负氧离子浓度分布情况。根据周边环境不同对监测站进行了分类，其中森林景区站 6 个、居民生活区站 4 个、城市公园站 3 个。

3.2 大气负氧离子浓度时空分布特征

3.2.1 年平均浓度分布

2021 年伊春市负氧离子浓度年平均值为 4344 个 / 厘米^3。全市 10 个行政区中有 2 个行政区年平均负氧离子浓度达到 5000 个 / 厘米^3 以上；5 个行政区达到 4000 ~ 5000 个 / 厘米^3；2 个行政区达到 3000 ~ 4000 个 / 厘米^3；铁力市因处于小兴安岭向松嫩平原过渡地带，负氧离子浓度达到 2000 ~ 3000 个 / 厘米^3。总体呈现山区高，平原低，从南至北随着经纬度和森林覆盖率的增加逐渐递增的空间分布特征。

根据站点类型进行统计，森林景区站年平均负氧离子浓度为 4812 个 / 厘米^3，居民生活区站为 4317 个 / 厘米^3，城市公园站为 3543 个 / 厘米^3。单站负氧离子浓度年平均最高值出现在伊美区兴安森林公园站，为 5245 个 / 厘米^3；最低值出现在铁力市公园站，为 2777 个 / 厘米^3。整体特征呈现出森林景区最高，居民生活区次之，城市公园站最低。

3.2.2 季节变化

按照小兴安岭地区的气候特点，将春夏秋冬四季按月份划分，规定春季为 3—5 月，夏季为 6—8 月，秋季为 9—11 月，冬季为 12 月至翌年 2 月。伊春市负氧离子浓度季节变化特征不显著（图 3.1），整体呈现夏季最高，冬春季次之，秋季最低。各行政区又表现出明显的局部特征，其中汤旺县、南岔县、金林区、嘉荫县、丰林县和大箐山县呈现出春冬季较高、夏秋季较低的特征。伊美区、友好区和乌翠区大致表现为夏秋季较高、春冬季较低。铁力市季节变化不明显。各行政区表现出局部特征与其他研究结论有差异，一方面可能是由于伊春市属北温带大陆性季风气候，年平均气温 1℃，夏秋时间短促，春冬季漫长。前 6 个县区拥有亿万年前遗留下的原始森林，森林覆盖率极高，产生独特的局地小气候，影响夏秋季节的日照和闪电等；后 3 个区属中心城区，森林覆盖率低，受局地小气候影响较小。另一方面，夏秋季是锻炼和采山货的季节，站点附近人员活动增加，对负氧离子浓度产生影响。鉴于数据资料时间短、随机性较大，不足以支撑气象相关性分析，所以还有待进一步研究。

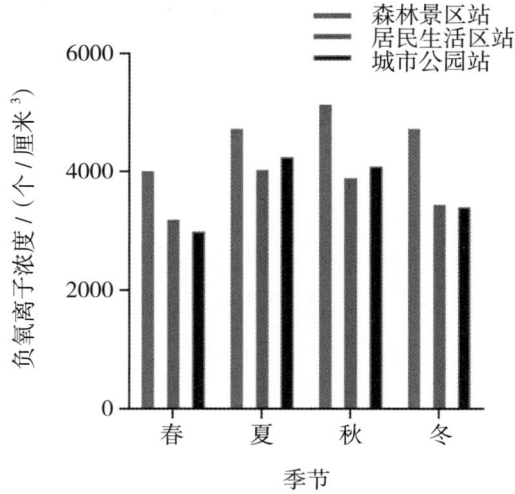

图 3.1　2021 年伊春市各行政区负氧离子浓度季节变化

3 种类型负氧离子浓度监测站点均呈现出显著的季节变化特征（图 3.2），其中森林景区站表现为秋季最高，夏冬季次之，春季最低。居民生活区站和城市公园站表现为夏季最高，秋冬次之，春季最低。从整体来看，森林景区站季节负氧离子浓度明显高于其他两个类型站。主要原因是较高的森林覆盖率增加负氧离子含量和较少的车辆人员活动减少负氧离子的损失。森林景区站季节变化特征异于其他两站，考虑是伊春森林独特小气候影响所致。

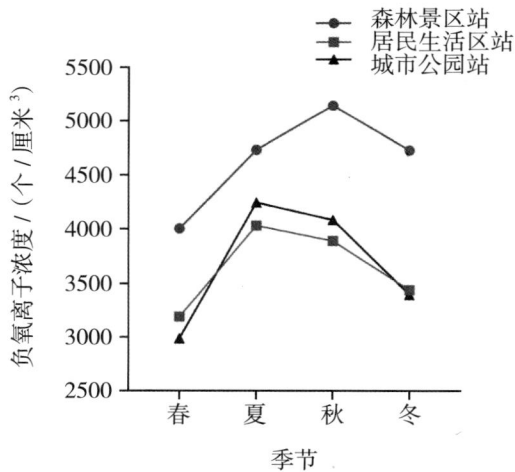

图 3.2　2021 年伊春市不同类型监测站负氧离子浓度季节变化

3.2.3　月变化

如图 3.3 所示，伊春市 2021 年负氧离子浓度月平均值为 4337 个 / 厘米^3，各行政区负氧离子浓度月平均峰值出现在 7 月，最低值出现在 4 月。从 8 月开始负氧离子浓度呈缓慢下降趋势，但降幅不大，考虑到可能是由于进入秋冬季，光照不足，植物光合作用减弱，导致负氧离子浓度降低。3 种类型监测站的负氧离子浓度月平均变化特征不显著，其中森林景区站和城市公园站最高值出现在 7 月，居民生活区站最高值出现在 8 月。森林景区站最低值出现在 4 月，居民生活区站和城市公园站最低值出现在 1 月，这与伊春市整体月平均变化趋势基本吻合。图 3.3 表现出的居民生活区站负氧离子浓度水平高于城市公园站，这与人类活动影响负氧离子浓度的结论不符。究其原因是，虽然按照名称归类为居民生活区站，但是现在的 4 个站位置原本就很偏僻，森林覆盖率高，且除金林区林业气象站外，其他附近均有水面，特别是合区并县以后，伊春市的人口产生转移，而且疫情对伊春市旅游业影响很大，几乎没有游客。城市公园站除铁力公园站外均位于居民区附近，车辆人员多，从而导致负氧离子浓度低于居民生活区站。

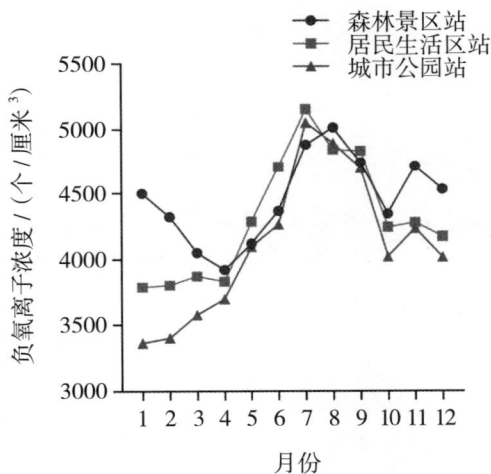

图 3.3　2021 年伊春市不同类型监测站负氧离子浓度月变化

3.2.4　日变化

3 种类型监测站不同季节的负氧离子浓度日变化规律大致相似（图 3.4），除铁力公园站外，其他站均不同程度地呈现出两头高、中间低的 U 形双峰日变化特征。具体为，夜晚和凌晨要高于白天。06—08 时出现一天当中的第一个峰值；从 08 时左右负氧离子浓度开始下降，中午到达谷值，持续约 6 小时；从 17 时开始回升，到 19 时左右涨势逐渐变缓，将出现一天中的第二个峰值；凌晨达到稳定状态。

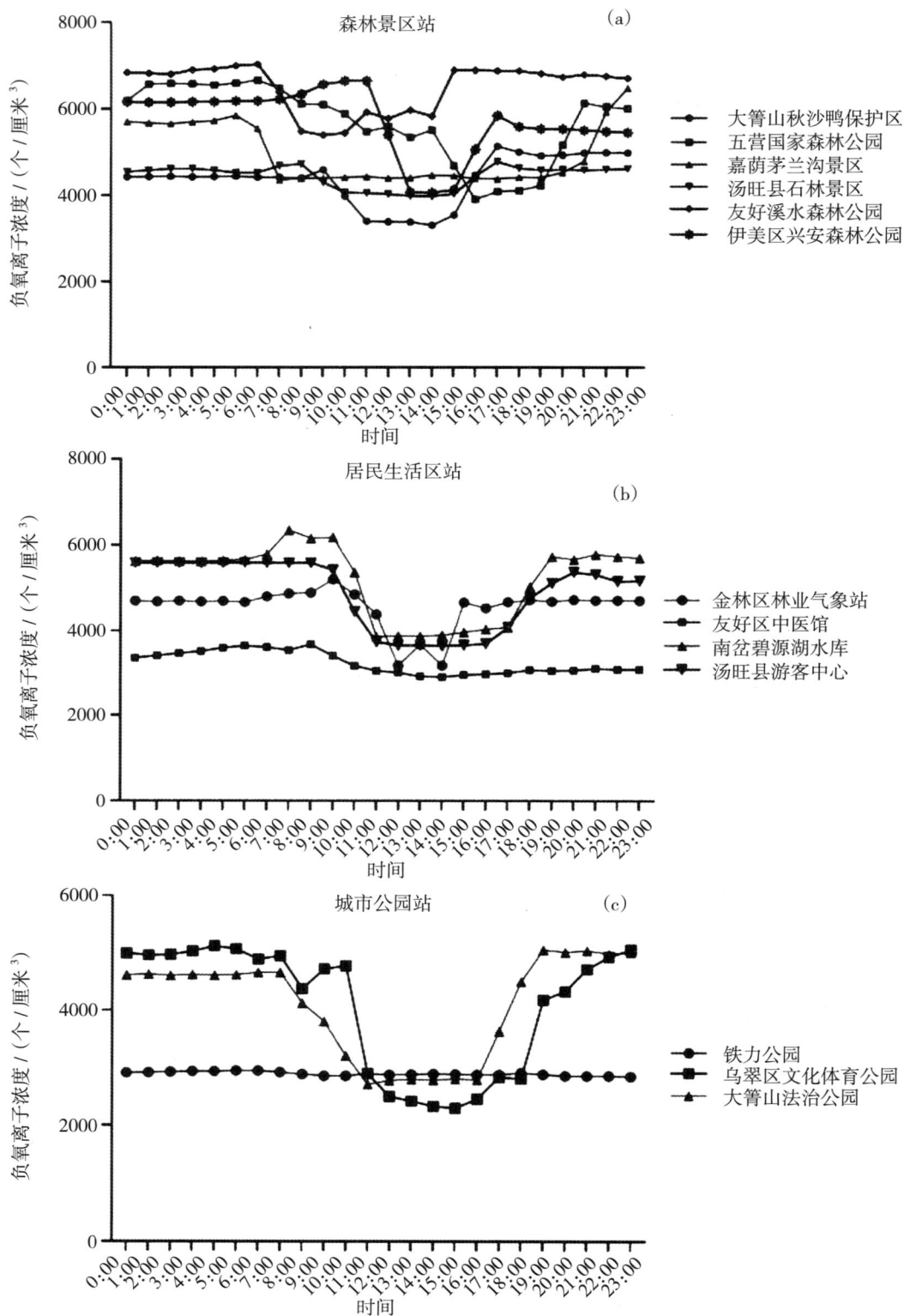

（a）森林景区站　（b）居民生活区站　（c）城市公园站

图 3.4　2021 年伊春市不同类型监测站负氧离子浓度日变化

负氧离子浓度单日最大值为 24300 个 / 厘米 ^{3}，出现在 6 月 27 日 07 时 55 分的伊美区兴安森林公园站；最小值为 1000 个 / 厘米 ^{3}，出现在 12 月 4 日 19 时 35 分的友好中医馆站，这与整体日变化趋势相符。单站日平均最高浓度值达到 7072 个 / 厘米 ^{3}，最低浓度值为 2204 个 / 厘米 ^{3}。负氧离子浓度变化与空气温度正好相反，白天温度高的时段，负氧离子浓度很低，最大值常常出现在早上或者凌晨。究其原因，可能是由于人类活动的增加造成空气中气溶胶含量的增多，影响空气质量，导致负氧离子浓度变低。图 3.4（b）中的友好区中医馆站和图 3.4（c）中的铁力公园站数据曲线走势稳定、早晚变化不大，可能是由于铁力市位于松嫩平原与小兴安岭的过渡地带，城市处于小兴安岭区域外、森林覆盖率较低，而友好中医馆站位于友好区外，两者位置均较偏僻，车辆及人员稀少，附近 500 米左右有稳定水面，湿度变化不大，但不排除设备原因。

3.3 小兴安岭负氧离子浓度分级评价

3.3.1 不同行政区负氧离子浓度分级

利用质控后的 2021 年年平均负氧离子浓度数据，统计伊春市 10 个行政区负氧离子浓度分级情况及与空气清新度的关系（表 3.1）。其中友好区、伊美区、乌翠区、汤旺县、南岔县、金林区、丰林县、大箐山县和嘉荫县等 9 个行政区负氧离子浓度大于 3000 个 / 厘米 ^{3}，达到Ⅰ级，空气非常清新，对人体健康有利，占比 90%。铁力市年平均负氧离子浓度为 2000~3000 个 / 厘米 ^{3}，属于Ⅱ级，空气清新，对人体健康较好，占比 10%。

表 3.1　2021 年伊春市全域负氧离子浓度与空气清新度关系

行政区	负氧离子浓度 / (个 / 厘米 ^{3})	等级	大气状况	保健功能
友好区	4264	Ⅰ	非常清新	有利
伊美区	5245	Ⅰ	非常清新	有利
乌翠区	3379	Ⅰ	非常清新	有利
铁力市	2777	Ⅱ	清新	较好
汤旺县	4759	Ⅰ	非常清新	有利
南岔县	4681	Ⅰ	非常清新	有利
金林区	4548	Ⅰ	非常清新	有利
嘉荫县	5085	Ⅰ	非常清新	有利
丰林县	4756	Ⅰ	非常清新	有利
大箐山县	3978	Ⅰ	非常清新	有利

3.3.2　不同类型监测站点负氧离子浓度分级

统计分析 3 种类型监测站点负氧离子浓度值占比情况，其中城市公园站约 3/5 的数据达到Ⅱ级，其余 2/5 达到Ⅰ级；居民生活区站基本保持在Ⅰ级；森林景区站负氧离子数据 4/5 达到Ⅰ级，1/5 达到Ⅱ级。森林景区站和城市公园站负氧离子浓度值达到清新以上级别的数据高达 100%，居民生活区站达到清新以上级别的数据高达 98.89%。总的来看，3 个类型监测站负氧离子浓度差异不大，森林景区站和居民生活区站空气清新程度要略高于城市公园站。

3.4　国内不同地区环境负氧离子浓度水平对比

为更好地评估小兴安岭腹地负氧离子浓度水平，本研究特意选取近几年国内不同地区的年平均负氧离子浓度数据进行对比分析（表 3.2）。由于目前负氧离子浓度监测和评估没有统一标准，同时考虑到测量原理、设备差异及数据时效性等方面带来的对比误差，本研究筛选出和伊春市环境及使用标准类似的地区做横向对比。通过对比可以看出，伊春市监测站点覆盖全域且数量最多，全市年负氧离子浓度等级达到Ⅰ级，空气质量非常清新，负氧离子浓度水平达到森林级别，整体优于国内绝大多数地区，特别适合开展森态避暑、森林康养、森林自驾、亲子研学等康养旅游活动。

表 3.2　近几年国内不同地区年平均空气负氧离子浓度与空气清新度关系

区域	范围	监测点数量 / 个	年平均负氧离子浓度 / (数量 / 厘米^3)	负氧离子浓度等级	大气状况	数据来源
伊春市	全域	20	4344	Ⅰ	非常清新	本研究
揭西县	全域	8	1609	Ⅲ	较清新	胡猛等
景宁县	全域	4	2758	Ⅱ	清新	梅中海等
龙岩市	全域	12	1754	Ⅲ	较清新	刘佳明等
赤水市	全域	2	5125	Ⅰ	非常清新	尚媛媛等
西昌康养景区	景区	2	3207.3	Ⅰ	非常清新	莫芳等
九连山森林公园	景区	2	5814	Ⅰ	非常清新	彭琳玉等
灵鹫山	景区	1	4475	Ⅰ	非常清新	廖荣俊等
峨眉山景区	景区	3	2595.83	Ⅱ	清新	张勇等
湖南省森林植物园	景区	1	578	Ⅴ	较不清新	李巧云等

通过以上研究可以得出：

（1）小兴安岭森林腹地负氧离子浓度高于国内大多数地区，总体呈现出山区高、平原低，从南至北随着经纬度和森林覆盖率的增加逐渐递增的空间分布特征。

（2）小兴安岭负氧离子浓度日变化明显，表现为两头高、中间低的 U 形双峰特征。

（3）负氧离子浓度具有明显的月变化特征。浓度峰值出现在 7—8 月，最低值出现在 3—4 月。

（4）伊春市负氧离子浓度季节变化特征不显著，表现为夏季最高，冬春季次之，秋季最低；各行政区负氧离子浓度季节变化表现出明显的局部特征；全域负氧离子浓度均达到清新级别以上；3 个类型监测站负氧离子浓度季节差异不大。

（5）伊春市布置的负氧离子浓度监测网能否代表小兴安岭整体水平、局地小气候对负氧离子浓度产生局地变化的影响、数据质量控制方法完善以及气象相关性分析，还有待进一步研究。

4 伊春市气候舒适度评价

中国气象局公共气象服务中心和中国气象服务协会颁布的伊春气象指数绿皮书，对小兴安岭伊春气候舒适度进行了评价。

4.1 各月气候舒适度等级

考虑温度、湿度、风速、日照等指标计算得出各月温湿指数（I）、风效指数（K）来表征气候舒适度。伊春市5—9月气候舒适度等级为较舒适或舒适等级；4月、10月属于稍冷或凉偏冷等级，可能会感觉较不舒服；11月至翌年3月属于冷或寒冷等级，会感觉不舒服（表4.1）。

表 4.1 伊春市各月气候舒适度等级

月份	气温 /℃	风速 /（米 / 秒）	相对湿度 /（%）	温湿指数	风效指数	感觉程度
1	−21.3	1.5	71	−15.7	−1146	寒冷
2	−15.8	1.7	66	−10.2	−1049	寒冷
3	−6.2	2.1	60	−1.7	−877	冷
4	5.0	2.6	55	7.3	−652	稍冷或凉偏冷
5	12.2	2.4	59	12.7	−467	凉（较舒适）
6	17.9	2.0	72	17.4	−321	舒适
7	20.9	1.8	79	20.1	−248	舒适
8	19.1	1.7	82	18.6	−285	舒适
9	12.0	1.8	77	12.3	−443	凉（较舒适）
10	3.3	2.1	66	5.4	−661	稍冷或凉偏冷
11	−9.0	2.0	68	−4.8	−935	冷
12	−19.0	1.6	73	−13.9	−1103	寒冷

4.2　各月气候适游期指数

通过热舒适、审美、物理三因素指标对伊春市度假气候指数（HCI）进行分析。除 12 月因气候寒冷 HCI 等级为不适宜以外，其他 11 个月均为一般以上的等级。其中 6—8 月，HCI 等级为适宜旅游。5 月、9 月为较适宜。5 月春暖花开、万物复苏，9 月进入秋季、层林尽染，五花山色，都是旅客观光不错的选择。10 月至翌年 3 月 HCI 指数虽然偏低，但却是领略冰天雪地、滑雪玩雪的最佳时节。进入 10 月，雪季开始。伊春市冰雪资源丰富，常年平均降雪量为 83 毫米，相当于每年有 8 场左右的暴雪；雪日 72 天，最早初雪日为 9 月 24 日，最晚终雪日为 5 月 11 日（表 4.2）。

表 4.2　1981—2010 年伊春市各月气候适游期指数（HCI）

月份	1 月	2 月	3 月	4 月	5 月	6 月	7 月	8 月	9 月	10 月	11 月	12 月
HCI	43	47	40	45	53	63	63	61	51	47	40	34
分级	一般	一般	一般	一般	较适宜	适宜	适宜	适宜	较适宜	一般	一般	不适宜

4.3　避暑旅游适宜指数

伊春市夏季避暑旅游适宜度高。根据体感温度、气温、相对湿度、风速因素等计算避暑旅游适宜度指数。夏季（6—8 月）由于受暴雨、高温、大风、雷暴等高影响天气极少，人体感觉舒适，各县（市）避暑旅游气候均达到很适宜或适宜级别，非常适宜避暑旅游度假（表 4.3）。

表 4.3　1981—2010 年伊春市避暑旅游气候适宜度评价

月份	嘉荫县	汤旺县	丰林县	伊美区	铁力市
6 月	16.39（适宜）	6.96（较适宜）	10.68（较适宜）	13.76（较适宜）	16.49（适宜）
7 月	30.92（很适宜）	28.79（很适宜）	30.55（很适宜）	30.46（很适宜）	33.45（适宜）
8 月	27.18（很适宜）	19.68（适宜）	24.48（很适宜）	26.96（很适宜）	32.00（很适宜）
6—8 月	24.98（很适宜）	18.68（适宜）	21.99（很适宜）	23.84（很适宜）	27.47（很适宜）

伊春市全年均适合开展旅游活动，气候舒适时长 5 个月，而且连贯性好，中间较少夹杂极端气候天气。适宜结合伊春市自身的青山绿水、清新的空气、丰富的温泉、大森林、大农业等优势资源，发展夏日森林避暑，冬季温泉避寒、冰雪旅游等项目，打响"森林里的家——林都伊春"品牌。

5 伊春市生态旅游资源特征

　　生态旅游资源是指以生态美吸引游客前来进行生态旅游活动，为旅游业所利用，在保护的前提下，能够产生可持续的生态综合效益的景观客体。包括 4 个基本点：吸引功能、效益功能、客体属性和保护功能，而一般旅游资源只有前 3 个基本点，不具备保护功能。区别还在于，吸引功能上生态旅游以整体的生态美来产生吸引力，普通旅游以美奇特来吸引游客；效益功能上生态旅游主要先考虑生态效益再考虑经济社会效益，普通旅游则更注重经济效益和社会效益；客体属性上生态旅游资源是自然生态系统和天人合一的人文景观，可以产生旅游效益的一切吸引物均可视为旅游资源。可以说开展生态旅游活动的或具备生态旅游功能的自然、人文景观或综合景观均应为生态旅游资源。

　　生态旅游资源的客体应包括以下范畴：一切具有生态美的生态系统，包括自然的和人文的。包括物质有形的生态旅游资源，也包括精神的无形生态旅游资源。具有地方特色、能烘托吸引游客的生态旅游气氛的旅游接待设施和服务也可视为生态旅游资源。总之，只要对游客有吸引力，开发和利用后能产生效益的生态系统均可视为生态旅游资源。

　　随着时代不断向前发展，森林康养生态旅游应运而生，它符合现代人们走向大自然、走进森林、利用森林的特殊治疗功能来为人类健康服务的理念。森林具有保护水源、维持水和土壤、净化空气、释放植物挥发物（芬多精）、降低空气颗粒物浓度等功能。森林康养是生态旅游进一步的深化，是大健康时代的新业态，是响应"健康中国 2030"的一种重要业态，是林业供给侧结构性改革的必然要求。森林康养旅游生态环境质量的优劣对于区域森林康养旅游的发展非常重要，优质的森林生态康养旅游环境是区域森林康养旅游实现可蓬勃发展的前提条件，同时也是保持和提升地区森林生态旅游竞争力的关键所在。

　　生态旅游是旅游业正在兴起的一项在生态环境良好、资源丰富的区域进行的专项旅游活动，伊春市林区依托大森林、森林河溪、冬季冰雪的资源优势，提出了"生态立市，旅游强市"的目标，已获得"中国天然氧吧城市"称号，将开发森林生态旅游作为重点。伊春市林区现有的 84 处景观中绝大多数可以开展生态旅游活动，生态旅游资源类型多样、数量较丰富，资源以自然景观资源为多，人文景观资源较少，共有 1 级景观 6 处、2 级 13 处、3 级 27 处。该区或的自然保护区、森林公园、自然风景区的品质较高，森林、冰雪、漂流是其支柱性资源，植被、水体、空气、气候等生态环境质量优良，这些是开发生态旅游活动的潜在优势。

5.1　自然生态情况

5.1.1　地理地貌

伊春市林区大多地处小兴安岭山脉的东南段，其地势较西北高，海拔在 500～1000 米，属中低山与丘陵地貌，山体较缓，少陡山陡坡，地貌是在内外营力作用下，经过漫长的地史时期逐渐形成的。而其西北部则多以丘陵台地、火山地貌为主，海拔 300～500 米。全区山峦起伏，走向不定，分水岭曲折很大。小兴安岭境内最高山为其南部的大顶子山，伊春市最高峰是大箐山，伊春市境内有中低山地、丘陵、宽广的谷地、密布的河川和湖泊，这些地形地貌深刻影响着植被的分布格局和群落的丰富性，尤其随海拔升高，明显表现出有规律的垂直景观带。土地呈"八山半水半草一分田"的特征。

5.1.2　土壤特征

伊春市母岩多以花岗岩为主，局部还有玄武岩、砂砾岩、片麻岩、结晶片岩等，其土壤分布和形成是受当地地质、地貌、气候、水、植被因子的长期综合作用的结果。本区地带性土壤为山地暗棕壤，北部海拔较低处还有棕色针叶林土，其次在山间谷地、盆地分布着一定面积的白浆土、草甸土、沼泽土和泥炭土。其中暗棕壤占76%以上，分布于海拔 100～700 米，土层厚度 30～50 厘米，其母质主要以花岗岩、玄武岩、页岩、片岩的风化物为主，是以红松为主的针阔混交林下的一种主要土类。该土类土壤肥力较高、透水性好、氧化作用显著，土壤表层腐殖质含量高，可达 10% 以上。南部土壤的垂直地带性为亚高山草甸土—山地棕色针叶林土—山地暗棕壤。土壤为 6 个类，16 个亚类。

5.1.3　水文特征

伊春市有大小河流702条，境内主要河流分属松花江和黑龙江流域。最大河流汤旺河，为松花江左岸一级支流，发源于本区北部的桔源林场，境内长度 402 千米，由北向南流经 14 个县（区），全长 506 千米。干流长 468 千米，流域面积 2.08 万平方千米。另有呼兰河、巴兰河属松花江二级支流从西、南部流入松花江。北部有乌云河、乌拉嘎河、嘉荫河等数十条河流向北注入黑龙江，属于黑龙江水系。汤旺河流域北高东南低，河流四周较高，上游狭窄，中、下游宽阔，主要支流 30 多条，其他次要支流、沟、溪 600 多条。

干流大部分穿行于峡谷间，水流有急有缓，河床多浅面滩。河底多数呈沙质，境内的大丰河、永翠河、巴兰河等已开展漂流活动的支流就是利用了这一特性。漂流河段、冷泉、湖区、沼泽、湿地、潭池、悬瀑和暗河广泛分布，水系发达，水质清澈，两岸景观丰富，适于开展观光游憩、滨水度假。已开发了金山屯大丰河小兴安岭第一漂、五营丰林河原始森林漂、铁力依吉密河休闲漂、美溪金沙河逍遥漂、桃山小呼兰河探秘漂等 10 余处漂流河段。这些漂流河段河水湍急、清澈见底、两岸绿树成荫、峰峦叠翠，游人在穿流于水中的同时，还可一睹两岸的飞禽异兽，其乐无穷。境内生态系统保护完好的汤旺河水系和中俄界江黑龙江以及围绕两大水系开发的各类水库湖泊是主要的水上旅游基地。大界江嘉荫段全长约 249 千米，北起葛贡河口，南至嘉荫河口，主航线中国一侧分布大小岛屿 28 个，江水清澈，是世界上较少的未被污染的河流，沿江两岸不仅保持着原始生态，有高山峡谷、宽阔的平原、星罗棋布的滩涂岛屿、茂密的森林和众多的野生植物，而且可以体验"一江两岸，异国风情"。

流量年内分布不坯，存在明显的枯、平、丰 3 个水期。7—8 月为丰水期，河流封冻期为 11 月中旬至翌年 4 月中旬，历时 5 个月封冻，最大冻厚度 1.0 ~ 1.35 米，丰水期流速 1.7 ~ 2.9 米 / 秒。由于境内多为森林分布，地表径流量和强度较平原地区少。平期水质清澈，丰期带有少量腐殖质，略显发浑。夏季水温温凉，适于垂钓、游泳、水上游憩。水质在河流流域中上游良好，河谷地势平坦区域形成许多自然池塘、湖泊，还有分布较广的水域湿地，面积占 10% 左右。

5.1.4 植被特征

伊春市有林地面积 3346548.7 公顷，覆盖率为 83.8%，活立木总蓄积 364001063 立方米，植被以森林、灌丛、草甸沼泽及农田为主。最有代表性的是原生地带性植被——红松阔叶混交林，这种森林在小兴安岭开发前面积和蓄积量占绝对优势，到处可见到高大参天的红松等多种高大乔木组成的原始林。现今这一植被类型在保护区丰林、凉水等被大片的保存。由于地质地貌和气候的分异和纬度、海拔高度上的不同，原生性森林群落结构类型呈水平、垂直分布规律。

水平分布上：低纬度—高纬度以红松为主，混有多种阔叶树和云杉、冷杉印—红松成分渐少，阔叶树种类渐少，兴安落叶松渐多。垂直分布上：有低海拔—高海拔（100 ~ 1000 米）谷地杂木林—云冷杉林—云冷杉红松林—椴树红松林—柞树红松林（海拔 800 米以下）—鱼鳞云杉红松林—岳桦林。原生性森林具有古老性、复杂性和珍贵性。组成森林的高大乔木中许多是第三纪的孑遗种，如红松、水曲柳、核桃楸、黄波椤、紫椴、色木等。红松的存在至少有 2500 万年，但形成像现在的红松阔叶林的面貌只有 2500 年不到的时间。

本地域森林生态系统由于有古老的历史和经历了长期复杂的地质运动变迁，动植物的组成非常丰富，仅维管束植物就有 1900 多种，种子植物近 600 种，还有种类众多的野生动物、微生物等，生物多样性丰富，而且随地貌和地形影响有一定的分布规律。本区乔木树种多达 30 种，有多种名贵的中药材、珍贵的野生动物，其中列入国家重点保护的植物有 8 种、动物 54 种，人称东北"三宝"的人参、貂皮、鹿茸角出于本林区。红松是伊春市的"市树"，属珍贵的优质建筑用材树种，年龄可达 450 年，树最高达 36 米，胸径 1.5 米，可谓树中的"美男子"，成片的原始红松林极为壮观，而随伴生树种、季节不同还显多种风采。向北部发展，天然的兴安落叶松林渐多，主要伴生树种是白桦。阔叶树占面积较大，主要是天然次生林和过伐林，由白桦、枫桦、山杨、榆树、柞树、水曲柳、色木槭等组成。20 世纪 50 年代后逐渐营造了大片的人工林，主要有红松、落叶松、樟子松等。

在平坦的低洼地、河谷等地分布有沼柳为主的灌丛及散生的丛桦。草甸、沼泽主要分布于河道两侧，长期排水不良地段主要有修氏苔草、小叶章、芦苇等。农田主要在居民点附近，河谷宽阔、排水良好的空地上，种植玉米、谷物、小麦和蔬菜。

5.1.5　野生动物

伊春市林区开发前曾是野生动物的乐园，分布有东北虎、金钱豹、梅花鹿、紫貂、青羊、猞猁等，鸟类有中华秋沙鸭、大天鹅、小天鹅、金雕等，鱼类有细鳞鱼、哲罗鱼等珍贵的冷水鱼。但由于持续不断地森林开采和捕杀，使野生动物种类和数量减少很多。近些年来实行了天然林保护工程和野生动物保护政策，一些野生动物数量有明显增加（鹿、狍子、棕熊、野猪及一些鸟类）。现有兽类 6 目 18 科 67 种，鸟类 49 科 274 种，爬行类 10 余种，两栖类 10 多种，鱼类 10 多种，其中国家一级保护动物 10 种、国家二级保护动物 54 种。一些地区如朗乡、带岭、桃山、金山屯等地驯养繁育了一定数量的动物，如鹿、狍子、熊、鸟类、冷水鱼等，主要出于经济考虑，如养殖、观赏等。

5.2　人文社会经济

伊春市辖 1 市（县级）5 县 4 区（铁力市、嘉荫县、汤旺县、丰林县、南岔县、大箐山县、伊美区、乌翠区、友好区、金林区），24 镇 9 乡（1 民族乡），13 个街道办事处，205 个行政村。截至 2022 年年末，全市户籍总人口 106.6 万人。其中城镇人口 92.6 万人，乡村人口 14 万人。户籍人口城镇化率 86.9%。男性人口 52.6 万，占总人口的 49.4%；女性人口 54 万，占总人口的 50.6%。

伊春市是一个多民族、散杂居边疆的林业城市。据第七次全国人口普查统计，全市共有满族、回族、朝鲜族、蒙古族、鄂伦春族、俄罗斯族等 33 个少数民族，少数民族人口 18702 人，占全市总人口的 2.12%。其中，超过千人的民族有满族、回族、朝鲜族 3 个民族，其他少数民族人口数在几人至几百人。少数民族分布特点是：民族多、人口少、分布广、居住散、流动性强。全市 10 个县（市）区均有少数民族人口分布。聚居的少数民族主要有朝鲜族、鄂伦春族、俄罗斯族等 3 个少数民族，全市辖有 1 个民族乡（铁力市年丰朝鲜族乡），13 个民族村（其中铁力市辖有 8 个朝鲜族村，南岔区辖有 1 个朝鲜族村，嘉荫县辖有 1 个鄂伦春族村、3 个俄罗斯族村）。

伊春市是典型的以林业产业为主的资源型地区，森林是陆地上的资源主体，此外还有少量的煤炭、黄金、石材等资源。自 20 世纪 40 年代开始开发，林业产业一直是经济的主体。其他资源工业、农业和第三产业基础薄弱，比例较低。伊春市确认了"天保工程"实施后，主要转产项目为森林生态旅游业、木材加工业、种养殖业和山特产品加工业。交通以铁路和公路为主，铁路总长 300 千米，连接除嘉荫县以外的市、县、区、镇，并与哈尔滨、佳木斯等城市相连，旅客列车有通往北京、山东、哈尔滨、佳木斯等城市的多个列次，出入较为便利。公路以国道公路为主，连接市内所有场、所、村、屯，总通车里程近3700 千米。有哈伊（哈尔滨—伊春）、鹤哈（鹤岗—伊春）高速公路，加强了伊春与省会及佳木斯间的客货运载能力和交通便捷性。伊春市林都机场 2009 年 8 月 27 日正式开通运营，距伊春市中心区约 9 千米，通航城市有哈尔滨、北京、天津、广州、大连、上海。伊春市通信信息业发展迅速，电力基础较好，以煤电为主。

5.3 旅游气候资源

以伊春市 5 个国家气象站 2001—2020 年近 20 年的气象数据为基础，统计月平均温度、月平均湿度、月平均风速、月平均雪深等数据，以伊春国家基本站数据为代表统计日照率。以伊春历年数据为基础，针对一些季节性旅游项目，如"林海杜鹃""五花山"统计相关气象要素。

5.3.1 月平均温度

伊春市年平均气温 1.3 ℃，最冷 1 月，平均气温 –22.3 ℃；最热月 7 月，平均气温 21.1 ℃。

冬季从 11 月开始至翌年 3 月末结束，共 5 个月时间，冬季漫长、干燥、严寒；4 月、5 月为春季，春季前期冷、后期回暖快、多风；7—8 月为夏季，夏季温和、降水集中，平均气温在 19.4 ℃。年平均无霜期 120 天，初霜日在 9 月中旬，秋季霜冻早、降温快（表 5.1）。

表 5.1　伊春市 5 站月平均气温　　　　　　　　　　　　　　　　　　℃

月份	嘉荫	乌伊岭	五营	伊春	铁力	5 站均值
1 月	−24.80	−22.14	−22.04	−20.72	−21.75	−22.29
2 月	−19.76	−17.95	−17.38	−15.99	−16.74	−17.56
3 月	−7.56	−7.72	−6.95	−5.61	−5.35	−6.64
4 月	4.94	3.33	3.99	5.01	5.70	4.59
5 月	13.23	11.33	11.91	12.63	13.85	12.59
6 月	18.69	16.60	17.61	18.18	19.54	18.12
7 月	21.81	19.87	20.66	21.10	22.08	21.10
8 月	19.84	17.81	18.62	19.10	20.17	19.11
9 月	13.31	11.30	11.85	12.61	13.81	12.58
10 月	3.87	2.19	3.01	4.17	4.83	3.61
11 月	−9.77	−10.70	−9.34	−8.11	−7.58	−9.10
12 月	−22.41	−20.82	−20.28	−18.94	−18.98	−20.29

5.3.2 月平均湿度

伊春市相对湿度受地理环境与季风环流共同影响，地处小兴安岭森林腹地，空气湿润、清爽宜人。年平均相对湿度 69.33%，全年月平均湿度最低值为 4 月，最高值为 8 月，4 月相对湿度 55.61%，8 月相对湿度 81.93%。

冬季寒冷，大气中水汽含量较低，10 月到翌年 4 月进入供暖期，室内相对湿度较低（表 5.2）。

表 5.2　伊春市 5 站月平均湿度 %

月份	嘉荫	乌伊岭	五营	伊春	铁力	5 站均值
1 月	70.97	69.95	65.21	65.48	73.90	69.10
2 月	68.40	65.09	63.69	63.72	71.20	66.42
3 月	65.03	60.60	59.89	59.13	65.28	61.98
4 月	56.41	54.97	55.90	54.18	56.60	55.61
5 月	59.81	60.78	61.53	60.82	59.05	60.40
6 月	72.75	75.63	74.16	74.50	70.48	73.51
7 月	78.99	81.45	79.34	80.15	79.84	79.96
8 月	80.72	83.15	81.95	82.65	81.17	81.93
9 月	74.25	75.42	76.27	76.35	74.19	75.30
10 月	64.19	64.90	65.84	63.92	65.92	64.95
11 月	70.70	71.44	69.28	68.89	70.70	70.20
12 月	72.35	73.59	71.04	71.09	75.25	72.66

5.3.3　月平均风速

伊春市全年平均风速为 2.06 米 / 秒，以西风为主，大风天气主要集中在冷暖转换之季，风速较大的月为 3、4、5、10 月。

根据风速对照表，轻风风速为 1.6 ~ 3.3 米 / 秒，因此，伊春市多数时间处于"轻风拂面"的状态（表 5.3）。

表 5.3　伊春市 5 站月平均风速 米 / 秒

月份	嘉荫	乌伊岭	五营	伊春	铁力	5 站均值
1 月	1.51	1.93	1.53	1.53	1.31	1.56
2 月	1.87	2.12	1.77	1.78	1.81	1.87
3 月	2.49	2.62	1.90	2.11	2.34	2.29
4 月	2.97	3.05	2.18	2.40	2.83	2.69
5 月	2.77	2.74	2.14	2.19	2.81	2.53

续表

月份	嘉荫	乌伊岭	五营	伊春	铁力	5 站均值
6 月	2.30	2.09	1.90	1.83	2.26	2.07
7 月	2.08	1.94	1.81	1.63	2.02	1.90
8 月	1.96	1.89	1.73	1.48	1.89	1.79
9 月	2.26	2.19	1.84	1.65	2.08	2.00
10 月	2.59	2.56	1.85	2.00	2.29	2.26
11 月	2.31	2.34	1.76	1.92	2.06	2.08
12 月	1.69	2.02	1.61	1.67	1.50	1.70

5.3.4 月积雪深度

在伊春市 5 站中，乌伊岭属于高山站，降雪较早。根据伊春市实际观测记录，11 月中旬以后的降雪，才能保持稳定的积雪存在，翌年 2 月中旬以后开始消融，3 月后积雪消融速度加快。

以雪深大于 1 厘米为统计指标，积雪存在的时间为 11 月中旬至翌年 3 月中旬。去除积雪的消融阶段，伊春市冰雪旅游的最佳时间段为 11 月下旬至翌年 2 月（表 5.4）。

表 5.4　伊春市 5 站月积雪深度

厘米

月份	嘉荫	乌伊岭	五营	伊春	铁力	5 站均值
1 月	22.98	17.02	18.77	16.94	16.63	18.47
2 月	26.93	19.28	21.96	17.06	18.54	20.75
3 月	17.20	14.90	12.85	8.37	8.89	12.44
4 月	0.43	1.28	1.12	0.39	0.25	0.70
5 月	0.00	0.00	0.00	0.00	0.00	0.00
6 月	0.00	0.00	0.00	0.00	0.00	0.00
7 月	0.00	0.00	0.00	0.00	0.00	0.00
8 月	0.00	0.00	0.00	0.00	0.00	0.00
9 月	0.00	0.03	0.00	0.00	0.00	0.01
10 月	0.35	0.31	0.18	0.10	0.07	0.20
11 月	5.19	4.67	4.88	4.17	3.00	4.38
12 月	17.32	13.98	14.15	12.47	10.83	13.75

5.3.5　日照率

天气对人情绪的影响很大程度在于光照度，良好的情绪，跟光照度有着密切的关系。万里晴空与阴云密布既可以是对天气的形容，也可以是对心情的形容。天气晴好的环境里，会拥有更多的积极情绪；连续的阴雨天，更容易让人心情低落。

以伊春站资料为基础，统计伊春站近 20 年的日照率。近 20 年，伊春站年均日照百分率为 52%，全年日照百分率 ≥ 60% 日数，年均为 185 天；日照百分率 ≤ 20% 日数，年均为 75 天。日照百分率最低的月份为 7 月，平均日照百分率为 45%，日照百分率 ≤ 20% 日数为 8 天（表 5.5）。

从以上数据可以看出，伊春市日照良好，可以让人心情保持愉悦。

表 5.5　伊春站日照率

月份	平均日照百分率 / (%)	日照百分率 ≥ 60% 日数 / 天	日照百分率 ≤ 20% 日数 / 天
1 月	53	17	5
2 月	63	19	3
3 月	62	20	5
4 月	52	15	6
5 月	51	14	7
6 月	47	12	7
7 月	45	12	8
8 月	46	12	7
9 月	53	16	5
10 月	53	17	7
11 月	50	16	7
12 月	47	15	7
年	52	185	75

5.3.6　伊春市"五一""十一"气温特点

兴安杜鹃花海与五花山是伊春市非常知名的自然景观，这两处景观属于季节性景观，存留时间短。兴安杜鹃盛花期多在 4 月下旬至 5 月上旬，伊春市最美五花山则在 9 月下旬至 10 月上旬，两个景观正好与五一劳动节和十一国庆节相呼应，是节假日短期旅游的良好目的地。

在这两个时间段内，伊春市气温相对于其他地方，显得较为寒凉，以伊春站历年资料为基础，统计出 5 月上旬与 10 月上旬的气象数据，为短期节假日旅游提供参考（表 5.6）。

表 5.6　伊春站 5 月上旬与 10 月上旬平均气温与降水

伊春站历年平均值	气温 /℃	降水 / 毫米
5 月上旬	9.7	14.1
10 月上旬	6.8	16.6

可以看出，伊春市"五一""十一"期间气温较低，历年平均值在 6.0～10.0℃，人体感觉寒凉，需注意防寒保暖。

5.3.7　伊春市人体舒适度指数与穿衣指数

5.3.7.1　人体舒适度指数

人体舒适度指数 SSD 根据下式计算得出：

$$SSD=(1.818t+18.18)(0.88+0.002f)+(t-32)/(45-t)-3.2v+18.2$$

式中：t 为平均气温，f 为相对湿度，v 为风速。

人体舒适度指数与感官体验差异见表 5.7。

表 5.7　人体舒适度指数与感官体验关系

SSD 值	级别	人体感觉
86～88	4 级	感觉很热，极不适应，注意防暑降温，以防中暑
80～85	3 级	感觉炎热、很不舒适，注意防暑降温
76～79	2 级	感觉偏热、不舒适，可适当降温
71～75	1 级	感觉偏暖，较为舒适
59～70	0 级	感觉最为舒适，最可接受
51～58	−1 级	感觉略偏凉，较为舒适
39～50	−2 级	感觉较冷（清凉）、不舒适，注意保暖
26～38	−3 级	感觉很冷、很不舒适，注意保暖防寒
＜ 25	−4 级	感觉寒冷、极不适应，注意保暖防寒、防止冻伤

5.3.7.2　穿衣指数

穿衣指数是根据自然环境对人体感觉温度影响最主要的天空状况、气温、湿度及风等气象条件，对人们适宜穿着的服装进行分级。共分 8 级，指数越小，穿衣的厚度越薄（表5.8）。

表 5.8 穿衣指数与气温对应关系

级别	天气	气温 /℃	服装厚度 / 毫米	建议
1	炎热	＞ 28.0	0	短衫、短裙、短裤、薄型 T 恤衫
2	热舒适	24.0～27.9	0～2.40	夏季装
3	舒适	21.0～23.9	2.41～4.00	春秋过渡装
4	凉舒适	18.0～20.9	4.01～6.00	春秋过渡装
5	温凉	15.0～17.9	6.01～8.00	春秋装
6	凉	11.0～14.9	8.01～10.00	春秋装
7	冷	6.0～10.9	10.01～13.00	春秋装
8	寒冷	＜ 6.0	＞ 13.00	冬季装，年老体弱者尽量少外出

5.3.7.3 伊春市各月人体舒适度指数

以伊春市 5 个国家气象站 2001—2020 年近 20 年的气象数据为基础，统计相关数据，并利用数据计算伊春各月人体舒适度指数（表 5.9、表 5.10）。

表 5.9 伊春市各月气象要素与人体舒适度指数

月份	平均温度 /℃	相对湿度 / (%)	平均风速 / (米 / 秒)	SSD 值	人体舒适度指数分级
1 月	−22.29	69.10	1.56	−10	−4
2 月	−17.56	66.42	1.87	−3	−4
3 月	−6.64	61.98	2.29	16	−4
4 月	4.59	55.61	2.69	35	−3
5 月	12.59	60.40	2.53	51	−1
6 月	18.12	73.51	2.07	64	0
7 月	21.10	79.96	1.90	70	0
8 月	19.11	81.93	1.79	67	0
9 月	12.58	75.30	2.00	53	−1
10 月	3.61	64.95	2.26	35	−3
11 月	−9.10	70.20	2.08	12	−4
12 月	−20.29	72.66	1.70	−7	−4

表 5.10　伊春市各月人体舒适度情况

月份	人体舒适度指数分级	人体舒适度
1 月	−4	感觉寒冷、极不适应，注意保暖防寒、防止冻伤
2 月	−4	感觉寒冷、极不适应，注意保暖防寒、防止冻伤
3 月	−4	感觉寒冷、极不适应，注意保暖防寒、防止冻伤
4 月	−3	感觉很冷、很不舒适，注意保暖防寒
5 月	−1	感觉略偏凉，较为舒适
6 月	0	感觉最为舒适，最可接受
7 月	0	感觉最为舒适，最可接受
8 月	0	感觉最为舒适，最可接受
9 月	−1	感觉略偏凉，较为舒适
10 月	−3	感觉很冷、很不舒适，注意保暖防寒
11 月	−4	感觉寒冷、极不适应，注意保暖防寒、防止冻伤
12 月	−4	感觉寒冷、极不适应，注意保暖防寒、防止冻伤

可以看出，6—8 月伊春市是天然的"空调房"，被誉为北纬 47 度"最迷人的夏天"，人体感觉非常舒适，非常适合避暑、观光等旅游活动。

5.3.7.4　伊春市各月穿衣指数

根据穿衣指数与气温对应关系表，可以得出伊春市各月穿衣指数（表 5.11）。

表 5.11　伊春市各月穿衣指数

月份	穿衣指数	建议服饰	服装厚度 / 毫米
1 月	8 级寒冷	冬季装，年老体弱者尽量少外出	> 13.00
2 月	8 级寒冷	冬季装，年老体弱者尽量少外出	> 13.00
3 月	8 级寒冷	冬季装，年老体弱者尽量少外出	> 13.00
4 月	8 级寒冷	冬季装，年老体弱者尽量少外出	> 13.00
5 月	6 级凉	春秋装	11.0 ~ 14.9
6 月	4 级凉舒适	春秋过渡装	4.01 ~ 6.00
7 月	3 级舒适	春秋过渡装	2.41 ~ 4.00
8 月	4 级凉舒适	春秋过渡装	4.01 ~ 6.00
9 月	6 级凉	春秋装	11.0 ~ 14.9
10 月	8 级寒冷	冬季装，年老体弱者尽量少外出	> 13.00

续表

月份	穿衣指数	建议服饰	服装厚度／毫米
11 月	8 级寒冷	冬季装，年老体弱者尽量少外出	＞ 13.00
12 月	8 级寒冷	冬季装，年老体弱者尽量少外出	＞ 13.00

以月平均气温对应穿衣指数，忽略气温的波动，伊春市 7—8 月会出现 30℃以上高温天气，而早晚却非常凉爽。根据人体的实际感受，建议 6 月、8 月穿夏装，早晚备外套；7 月穿夏装，早晚备轻薄外套。

5.4　旅游业发展现状

伊春市旅游业起步于 20 世纪 80 年代，当时以桃山滑雪狩猎游、南岔森林小火车游为区域旅游发展的拳头产品，"七五"期间接待海内外游客 2.1 万人次，创汇 124.8 万元。桃山狩猎场还被列为国家旅游局的黄金路线，后来没有保持较好的优势，发展较慢。近年来，伊春市开始重视旅游业的发展，开发、开放了多处旅游景点，推出了多个组合的旅游产品，为了重振旅游业，进行了总体规划，提出将森林生态旅游作为旅游业的主要方向。

伊春市除了被誉为"红松故乡""祖国林都"外，由于在嘉荫县曾挖掘出我国第一具恐龙化石，近年又在其附近新发现了大量鸭嘴龙、霸王龙、虚骨龙和甲龙的化石群，因而又被称为"恐龙故乡"。伊春市山清水秀，林茂石美，四季风光如画。初春，冰雪冻融、杜鹃盛开；盛夏，千山益然、百水争秀；仲秋，层林尽染、姹紫嫣红；深冬，银装素裹、雪玉冰清。独具特色的森林生态旅游以其原始、自然、粗犷、神奇而闻名遐迩。2000 年伊春市被国家旅游局评为"中国优秀旅游城市"。2019 年 8 月 26 日，第二届黑龙江省旅游产业发展大会在伊春市举办，中国气象局派专家在大会上发布了《伊春气象指数绿皮书》。2019—2021 年伊春市所辖 4 区、5 县、1 市先后获得中国气象服务协会认定的"中国天然氧吧"称号。

伊春现有 5A 级景区 1 处：汤旺县林海奇石国家森林公园；4A 级景区 6 处：嘉荫恐龙国家地质公园、美溪回龙湾国家森林公园、红星火山地质公园、凉水自然保护区、五营国家森林公园、桃山风景名胜区；3A 级景区 6 处：伊春水上公园、茅兰沟国家级自然保护区、美溪回龙湾山庄、伊春金山小镇、兴安国家森林公园、伊春市滨水新区水利风景区。此外还有湿地、白头鹤、秋沙鸭等国家级自然保护区。

大箐山县主要有碧水森林公园、大箐山、凉水国家自然保护区、玉兔仙潭滚兔岭景区、万松岩、石猴山滑雪场、达里石林风景区等旅游资源。大箐山县生态优良、资源丰富，森林覆盖率高达 96%，有乔灌木 100 余种，野生动物 250 余种，草本植物 1000 余种和丰富的菌类、薜类资源。境内有 3 处国家级自然保护区，碧水保护区是国内唯——处以中华秋沙鸭为主要保护对象的野生动物类型保护区；凉水保护区是我国现有保存下来的较大片原始红松林基地之一，为国家 3A 级旅游风景区；朗乡保护区是伊春市唯一有完整的垂直植被带谱的保护区。春观鸟、夏漂流、秋看山、冬滑雪是这里四季旅游的特色品牌。2020年大箐山县获得中国气象服务协会认定的"中国天然氧吧"称号。

南岔县产业基础雄厚，现已初步形成了制药、家具制造、绿色农业产品加工为支柱产业的新兴工业体系。境内既有旧石器时期人类活动遗址，又有抗联遗址，更有北国黄山——仙翁山、月牙湖公园等自然风光，北药小镇、长寿之乡声名远播。2021年南岔县获得中国气象服务协会认定的"中国天然氧吧"称号，是具有"生态优、气候宜、负氧多、森覆高、交通便、农业强"的天然氧吧地区。

依托境内良好的生态资源和历史底蕴深厚的金祖文化，金林区深入实施"旅游+"战略，打造全域旅游景区，相继开发建设了九峰山养心谷、大丰河漂流、金山鹿苑、峰岩山寨、中国冰湖雪村、金祖峰景区、金水湾水上乐园等景区景点，建有国家级3A级景区5个、4A级景区1个，形成集游、玩、住、娱、乐、购、康、养等于一体，具有春赏花、夏消暑、秋观叶、冬玩雪等全季节旅游体验的全域旅游产业体系。

伊春市成为旅游胜地，得益于小兴安岭丰富的森林资源，为净化空气，提供了高密度负氧离子。漫步林间，犹如进入"氧吧"。2019年，铁力市率先获得"中国天然氧吧"国家级生态品牌称号；2020年，嘉荫县、丰林县、大箐山县、伊美区、汤旺县荣获"中国天然氧吧"国家级生态品牌称号；2021年，伊春市友好区、乌翠区、金林区和南岔县也获得此殊荣。至此，伊春市实现了10个县（市）区创建"中国天然氧吧"，成为全国第一批、东北第一个创建"中国天然氧吧"全域化地区。

伊春市牢牢把握"生态立市，旅游强市"发展定位，推动森林生态旅游业提档升级，扎实推进景区基础设施建设，推出了四季旅游线路20条，第九届全国大众冰雪季伊春市分会场暨第十二届中国·伊春森林冰雪欢乐季火热启幕，"林都伊春·森林里的家"品牌进一步叫响。2022年全市共接待游客1012.42万人次，同比增长5.5%；实现旅游收入69.56亿元，同比增长10.8%。成功承办了2022中国冰壶联赛（伊春站），打造"中国青少年冰壶培训基地"，初步叫响"林都伊春·冰壶之乡"品牌。"中国天然氧吧城市"和"中国特色气象旅游城市"两张名片为伊春市旅游业发展创下历史新高。2023年国庆长假游客人数创历史最高93.5万人次，伊春林都机场旅客吞吐量创新高16.2万人次，春节冰雪旅游人数超过19.6万人次。

2024年年初，省会哈尔滨成为旅游热门城市，伊春紧跟旅游热潮，精心谋划具有伊春特色的冬季旅游产品，打造了5条冰雪旅游线路，推出森林大雪圈、森林雪地温泉、森林雪屋等五大系列产品、十大特色美食和15个网红打卡地，成功创下伊春冰雪旅游历史最好成绩。春节假期到3月1日，伊春市接待游客和旅游收入分别同比增长339%和425%，均创历史新高。

5.5 旅游市场的划分与旅游气候提示

按照来伊春市游客的旅游目的，伊春市旅游市场可分为观光旅游、休闲避暑旅游、特色冰雪旅游。

　　伊春市5—10月初，是旅游气候资源的最佳时间段，以5月兴安杜鹃的盛开为迎客的标志，到10月上旬五花山的观赏，这段时间是观光旅游、休闲避暑度假游的最佳时间段。尤其是6—8月，伊春市呈现天然的"空调房"气候，成为最宜人的夏天。

　　11月中旬到翌年2月为冰雪特色旅游的最佳时间段。需要注意的是，特色冰雪旅游由于受限制于寒冷干燥的感官体验，因此不适合身体调节能力差的年老体弱者，旅游公司应有足够的健康提示，为客户提供高质量的旅游服务，参见表5.12。

表 5.12　伊春市旅游气候资源评价及旅游建议

月份	人体舒适度指数	穿衣指数	旅游建议
1月	−4级	8级	冰雪特色游
2月	−4级	8级	冰雪特色游
3月	−4级	8级	
4月	−3级	8级	
5月	−1级	6级	观光旅游，特色兴安杜鹃
6月	0级	4级	观光旅游，休闲避暑度假
7月	0级	3级	观光旅游，休闲避暑度假
8月	0级	4级	观光旅游，休闲避暑度假
9月	−1级	6级	观光旅游，休闲度假，特色五花山
10月	−3级	8级	观光旅游，特色五花山
11月	−4级	8级	冰雪特色游
12月	−4级	8级	冰雪特色游

6 伊春市气象灾害及极端天气气候事件

6.1 主要气象灾害概述

受大陆性季风气候影响，伊春市主要气象灾害有暴雨洪涝、大风、冰雹、低温冷害、霜冻、雪灾、雷灾。伊春市各县区暴雨洪涝灾害一般发生在每年的7—8月，尤以7月下旬和8月上旬突出。

6.2 极端气候事件

6.2.1 暴雨洪涝

大箐山县：1988年7月13日09时至14日09时，伊春河上中游区域24小时降水量70～142毫米，其中带岭区水灾严重。1996年7月28—29日，伊春市南部地区出现强降水，带岭区、朗乡遭受洪涝灾害。1997年8月，全市连续降水20天，其中朗乡多处公路、桥梁、堤坝被毁，房屋进水，农田被淹，水利工程被毁。1998年7月13日09时至14日09时，受强降水影响，带岭区水灾严重。2004年7月26—29日连降大到暴雨，致使山洪暴发、山体滑坡和泥石流，永翠河带岭站水位97.65米。2005年7月16日，突降暴雨，带岭遭受不同程度洪涝灾害，中小河流泛滥，暴发山洪和局部地段山体滑坡，出现泥石流。2005年7月27日20时至29日14时，带岭区遭受洪涝灾害。2013年8月12日18时30分至13日0时左右，暴雨致使朗乡河暴发了特大山洪。2014年7月21日，受洪涝灾害影响，带岭区受灾人口5190人，转移安置人口641人，房屋倒塌5户，损坏370户，直接经济损失4382万元，作物受灾面积2199公顷，作物绝收面积637公顷。2015年8月28—30日，降水中心主要集中在带岭区、朗乡林业局，朗乡林业局西南岔河等多条小河流河水出槽漫溢，泛滥成灾。

南岔区：1996年7月28—29日，伊春市南部地区平均降水量201毫米，致使西南岔河发生中华人民共和国成立以来最大洪水，24小时流域降水量180毫米，造成山洪暴发，洪水漫堤决堤一片汪洋。铁路、公路、通信、供水、供电中断，房屋水毁、农田水淹、人员被困。1998年7月7—10日，伊春市南部连降暴雨，多处公路、桥梁、堤坝被毁。8日16—20时，南岔浩良河经营所至铁力市南关渠道一带降暴雨，4小时浩良河经营所降水量140毫米，致使山洪暴发、河水泛滥，南岔区多个林场、经营所、乡镇被淹，房屋进水、倒塌，水毁路基、桥梁，农田受灾严重。2003年8月21—22日，发生暴雨，西南岔河流域出现较大洪峰，河流河水出槽，发生严重内涝，南岔区遭洪水袭击，有2450余户房屋进水。2004年7月26—29日，连降3天大到暴雨，西南岔河南岔站水位93.89米。2005年7月27—29日，连续3天普降大到暴雨，29日凌晨南岔区遭受洪涝灾害，居民家中进水、城镇道路积水、公路及桥涵受损、农田受淹等。2013年8月12—14日，伊春中南部普降暴雨，南岔区遭受洪涝灾害，农业、基础设施均受到严重损失。2014年7月20—21日，伊春中南部普降暴雨，南岔区遭受洪涝灾害，造成居民房屋进水、城镇道路积水、公路及桥涵受损、农田受淹减产绝收、通信线路中断。2018年7月24—25日，伊春市普降暴雨、大暴雨天气过程，南岔区遭受洪涝灾害，造成26920人受灾，农作物受灾面积7706.57公顷，其中绝收3699.53公顷，房屋倒塌34间、损坏405间，直接经济损失18905.99万元。2019年6月25—29日，伊春市普降暴雨、大暴雨，南岔区遭受洪涝灾害，造成26920人受灾，农作物受灾面积7706.57公顷，其中绝收3699.53公顷，房屋倒塌34间、损坏405间，直接经济损失18905.99万元。

乌翠区：1988年7月13日09时至14日09时，伊春河上中游区域24小时降水量70~142毫米，土壤含水量80%，降水集中于伊春中南部，乌翠区水灾严重。2003年8月16日08时，伊春河伊春站洪峰流量692立方米/秒，洪峰水位96.90米，距警戒水位1.10米，致使乌翠区、伊春林业发电厂多处出现险情，翠东木材工业小区被淹。8月21—22日，伊春市自南向北出现9次降水过程，22日最大降水量88.8毫米，受大范围强降水影响，乌翠区发生严重内涝，28个木材加工厂被淹，贮木场、锅炉厂被淹，电力设备、办公室进水，3000余户居民家中进水，河流两岸农田、鱼塘被水毁，猪场、鹿场进水，河水倒灌。2005年7月16日凌晨，乌翠区突降暴雨，3小时降水量超过100毫米，农田被淹200公顷，837户居民房进水、最大水深0.5米，伊春林业发电厂进水，电厂停机检修、排水，损坏1座桥涵。

金林区：1996年7月28—29日，小呼兰河发生中华人民共和国成立以来第二号洪水，24小时流域降水量202毫米，西南岔河发生中华人民共和国成立以来最大洪水，24小时流域降水量180毫米，造成山洪暴发，铁路、公路、通信、供水、供电中断，房屋、农田被淹，人员被困，金山屯镇深受影响，导致大量人员受灾，被洪水围困，城镇进水、积水，房屋倒塌，人员伤亡。致使多家工厂企业停产，作物受灾面积大，造成严重经济损失。8月16日14时，汤旺河洪峰冲破河堤，西林镇、金山屯镇造成不同程度的洪涝灾害。乡镇林场（所）和人员受灾较重，同时导致房屋倒塌，农田受灾情况严重，绝产面积较大，同时水产养殖业受损，冲毁公路桥梁、输电线路、河堤、塘坝和灌溉设施等。2005年7月16日凌晨，西林镇突降暴雨，3小时降水量超过100毫米，西林钢铁厂停产抢险，336户职工房屋进水、最大水深0.8米，金山屯镇过水公路35千米，涵洞损坏15座，农田进水300公顷，地摆木耳菌袋被淹200万袋。27日20—29日14时，金山屯镇青年林场降水量最大144毫米，出现洪涝灾害。金山屯镇因中小河流泛滥，暴发山洪和局部地段山体滑坡，出现泥石流，造成房屋进水、公路桥涵冲毁、农田被淹。金山屯镇两处堤防决口，两条街道进水、平均水深1.5米，700余人提前紧急转移，居民2436户5000余人受灾。9 个林场多处山洪暴发,房屋进水、倒塌,镇内自来水管道、公路、水泥桥、涵洞水毁,农田受灾 100 公顷,冲走水泵,镇内电线杆被冲倒,造成林场停电。

友好区:2003 年 7 月 28 日至 8 月 18 日连续降雨 18 天,友好河出现洪峰 3 次,8 月 15—17 日友好河洪水出槽,河两岸大面积农田及林场村屯被淹。2005 年 7 月 27 日 20 时至 29 日 14 时,友好区遭受洪涝灾害,双子河镇 6000 余户房屋进水,转移 1500 户,最大水深 0.5 米,农田被淹 2000 公顷。2014 年 7 月 21 日 0—11 时友好河出槽漫溢,泛滥成灾。

6.2.2　台风

2020 年 8 月 27—28 日,受台风"巴威"减弱的温带气旋影响,伊春市出现较大范围降雨天气过程,降水主要集中在伊春市中南部,27 日 08 时至 28 日 08 时带岭物候站降水量 42.0 毫米、朗乡 30.3 毫米。9 月 3—4 日,受台风"美莎克"减弱为热带风暴的影响,带岭降暴雨,降水量 62.4 毫米。2020 年 8 月 27 日至 9 月 10 日,南岔县连续受到 8 号台风"巴威"、9 号台风"美莎克"和 10 号台风"海神"的直接影响。三台连袭,南岔累积降水量达到 180.2 毫米。受 9 号台风"美莎克"的影响,南岔站极大风速 21.4 米 / 秒(9级)。台风造成全县 11843 人受灾,农作物受灾面积 10764 公顷,其中绝收 483 公顷,房屋倒塌 1 间、损坏 11 间,直接经济损失 8393.9 万元。

6.2.3　干旱

1989 年 7 月 26 日至 8 月 21 日,伊春市连续 27 天仅降水 1.3 毫米,伴随高温,出现罕见伏旱,干土层 10 厘米,使作物受到不同程度影响。1995 年夏季,降水偏少,发生不同程度旱象。1996 年 5 月 7—23 日出现旱象,7 月上中旬高温少雨旱情加重。1997 年 6 月中旬至 7 月中旬持续高温少雨,出现干旱,影响大田作物,还使夏季豆角过早成熟、质量下降。2000 年 6 月中旬,由于无降水致使大田作物出现旱象。2001 年 5 月中旬至 7 月初,降水量仅为历年同期的 20%,干土层 10 厘米,使作物、花草、树木干枯。

6.2.4　风灾

1987 年 7 月 29 日 12 时 57 分,伊春市区刮起 9 级狂风,狂风裹着大雨,飑线横扫伊春市中部地区,使南岔区的林中树木有的被风吹断,有的被连根拔起,有的电线杆被刮断,电线通信中断,房屋、物资受损。1991 年 5 月 28—29 日,伊春市出现 2 次龙卷风,其中乌翠区西北角由于遭龙卷风袭击,部分人工林、3 个生产单位、部分学校及事业单位办公室、部分农业塑料大棚、200 余户民房及部分输电、电话线路遭不同程度破坏,房屋烟囱、屋顶、天棚、房墙被刮走,许多家畜不知去向,一些鸡鸭被风挟裹砂石打死。

6.2.5　雷暴

伊春市为黑龙江省雷暴多发区,1988—2005 年,平均雷暴日数 27 天。近年来,乌翠区每年都有不同程度的雷电灾害,主要集中在夏季,造成电力、通信设施及各类弱电子设备不同程度的破坏。2005 年夏季,金山屯镇中心街居民家遭雷击,电视和电话损坏,部分房屋受损，镇里农业银行遭雷击。2005 年友好区翔宇集团鸡场变压器遭雷击。

6.2.6 雪灾

2021 年 11 月 8—11 日，伊春市自南向北出现一次特大暴雪天气过程，降雪主要集中在 8 日白天至夜间。伊春市 8 日 08 时至 9 日 08 时 24 小时降雪量 3 个站突破 1961 年以来日降雪量历史极值。伊春站 32.1 毫米（历史极值为 2003 年 11 月 20 日 17.8 毫米）；嘉荫站 20.1 毫米（历史极值为 2013 年 11 月 25 日 19.9 毫米）；铁力站 16.0 毫米（历史极值为 2005 年 11 月 5 日 15.2 毫米）。五营站、乌伊岭站位列历史第二位（历史第一位为 2018 年 11 月 9 日，五营站 22.4 毫米、乌伊岭站 24 毫米）。

截至 11 月 11 日 08 时，各站积雪深度：伊春站 35.0 厘米，五营站 20.0 厘米，乌伊岭站 19.0 厘米，嘉荫站 15.0 厘米，铁力站 12.0 厘米。各站降雪量 23.6 ~ 40.4 毫米，积雪深度 12.0 ~ 35.0 厘米。伊春站最大积雪深度突破 1961 年以来 11 月上旬积雪深度历史极值（1966 年 11 月 1 日 27 厘米），其余各站没有超过同期历史极值。此次降雪过程出现电线结冰、道路结冰、雪阻等气象灾害，给通信、交通运输和人们日常生活带来不利影响。

2021 年 11 月 21 日 20 时至 25 日 08 时，伊春市自南向北有一次全市范围的暴雪天气过程，其中嘉荫县达到大暴雪。全市 5 个站累计降雪量：嘉荫 35.2 毫米，五营 24.5 毫米，伊春 20.6 毫米，铁力 15.7 毫米，乌伊岭 14.6 毫。截至 11 月 25 日 08 时，各站积雪深度：嘉荫站 50.0 厘米，五营站 44.0 厘米，伊春站 42.0 厘米，乌伊岭站 32.0 厘米，铁力站 19.0 厘米。伊春站 11 月 25 日 08 时最大积雪深度 42 厘米，突破 1961 年以来 11 月下旬积雪深度历史极值（1972 年 11 月 21 日至 24 日 40 厘米），其余各站没有超过同期历史极值。

2023 年 11 月 2 日，伊春市经历入冬以来首场暴雪天气，暴雪落区主要集中在友好区、汤旺县、丰林县、伊美区、乌翠区、嘉荫县，最大雪量为友好站，20.0 毫米。中北部新增积雪深度 10 ~ 20 厘米。此次降雪天气降雪时段集中、小时雪强大，降雪造成路面积雪、湿滑、结冰，给道路交通安全带来严重不利影响。伊春市境内高速公路全线封闭，客运停运。

7 伊春市极端天气预警和防范

在气候变化大背景下，极端天气事件呈现趋多趋强态势。更多证据表明，人类活动影响下的全球气候变暖加剧、极端事件增多。我国地处东亚季风区，受地理位置、地形地貌及气候特征等因素影响，气象灾害种类之多、发生频次之高、发生范围之广、影响之重超过世界上绝大多数国家。几乎所有气象灾害都在我国出现过，异常气候所引发的暴雨、干旱、台风、山洪地质灾害等极端天气气候事件呈现增多增强的趋势。

气象灾害关联性强，链条长，突发暴雨诱发山洪泥石流灾害、高温少雨引发森林火灾、异常气候条件引发农业灾害、恶劣气象条件引发交通和航空事故、以及大气环境污染等，我国平均每年因气象灾害造成直接经济损失高达 2900 亿元，平均每年因气象灾害造成 3.3 亿人次受灾，千余人死亡。人类生存与发展的生态环境，在大气资源、水资源、土地资源、生物资源、气候资源等方面都受到气候变化的影响。

伊春市全年都可能发生气象及其衍生灾害，春秋季森林城镇火险，夏季暴雨、冰雹、雷电，冬季寒潮、低温、暴雪，季节转换时的道路结冰，初、终霜冻，无不对各行各业造成影响。面对突发灾害，及时预报预警与启动应急响应至关重要。为更好地开展防灾、备灾和救灾工作，伊春市气象部门全力做好监测、预报、预警工作，践行人民至上、生命至上理念，筑牢气象防灾减灾第一道防线。

7.1 极端天气预报和预警能力

围绕预报精准目标，全球智能网格预报技术不断改进，数值预报业务支撑能力不断加强，气象预报业务体系不断完善，强对流客观预报方法取得突破，气象实况业务体系支撑预报预测能力大幅提升。2020 年 12 月 21 日，气象综合业务实时监控系统"天镜"实现业务运行，国家级业务系统纳入实时监控。2021 年 12 月 15 日，推进气象业务系统转型升级的气象大数据云平台"天擎"正式业务运行，业务系统实现了集约整合。不断提升了对气象灾害及其次生、衍生灾害的综合监测能力，建立和完善了气象灾害预报预测体系，全面应用了新技术和预报产品，预报预测能力稳步提升，极端天气，中长短期，短时临近预报无缝隙衔接。

以数值分析预报产品作为分析基础，相关人员和相关设备结合，综合利用各种先进预报技术方法，实现了重大灾害性及关键性天气预报的准确率提升。运用新一代天气雷达探测、气象卫星云图等现代气象监测手段，能较准确地预报出 0~2 小时、0~6 小时、0~12 小时短时期内突发性的雷暴雨、雷雨大风、冰雹、龙卷风、强降水等中小尺度强对流天气

7.2　防范现状

7.2.1　预报预警信息发布

立足实际构建递进式气象灾害预警服务机制，短临预报预警业务布局和流程完善，预报预警信息及时快速发布。气象灾害预警信息发布遵循"归口管理、统一发布、快速传播"原则，根据各类气象灾害的发展态势，分析确定预警信号类别、级别，分别用红、橙、黄、蓝4种颜色标示，内容包括气象灾害类别、预警级别、起始时间、可能影响范围、警示事项、应采取的措施等，通过公共媒体、广播电视、三大运营商短信、电子邮箱、互联网等多种手段发布。确保及时快速发送至预警接收单位联系人和信息员。重大灾害性高级别预警电话叫应相关责任人。当灾害性天气过程强度达到标准，及时启动相应级别应急响应。

7.2.2　应急联动机制

伊春市气象局作为应急指挥成员单位，建立了指挥系统，与应急管理、生态环境、自然资源、交通运输、林业和草原、水务、住建、文化旅游、农业农村、公安、电力、通信等相关部门建立了相应的会商联动机制。根据灾害性天气发生发展情况随时更新预报预警信息并及时通报相关单位，依据各地、各部门需要，提供专门气象应急保障服务，做到预报预警应急联席会议常态化。

7.2.3　优化加密监测自动气象站

伊春市现有国家气象站5个，国家气象考核站点22个。对所辖铁力市、嘉荫县、丰林县、汤旺县4个气象局进行业务指导和管理。为加快气象观测自动站点布局建设，提升防灾减灾能力，自2022年8月15日正式向社会公众发布南岔县和大箐山县天气预报预警。2023年5月1日起正式向社会公众发布友好区、乌翠区、金林区天气预报预警。从而结束了两县三区未设气象机构没有专业气象服务局面，加强了未设气象机构的县区防灾减灾建设。

7.2.4　加强旅游景区等关键区域的气象防灾减灾能力

伊春市旅游景点因地理位置和地形影响，气象灾害易发、气象灾害风险高、防御难度大。自2022年8月开始，伊春市气象局有针对性地开展了旅游气象服务，气象服务精细化至旅游景点的分区预报预警、制作发布重点景区预报，精细到各景点未来3天或未来1周的晴雨、气温和风向风速预报。对防御灾害性天气措施提出关注点和建议，从加强监测预警、提高服务针对性、完善联动机制、强化科普宣传等方面进一步搞好旅游气象服务。

7.3 伊春市极端天气预报预警服务事例

7.3.1 伊春市 1 月 21—28 日极寒天气气象服务

2023 年 1 月 21—28 日，伊春市经历了极寒天气，这是伊春市近 60 年最冷的春节。此次极寒天气气温极低，持续时间长，对供水、供暖、供电和公众出行等都带来不利影响。伊春市气象台提前预报、准确及时服务，各部门联动，取得了良好的气象服务效果。

受西伯利亚强冷空气影响，初一夜间（22 日 20 时至 23 日 08 时）伊春市出现了此次极寒天气过程的最低气温，全市各区县最低气温均在 –38℃以下。大年初一（22 日 08 时至 23 日 08 时）成为入冬以来最冷的一天，全市 35 个气象站（5 个国家站、30 个区域站）中有 9 个站最低气温低于 –45℃，26 个站最低气温低于 –40℃。嘉荫站最低气温 –47.4℃，并列位于 1959 年建站以来（64 年）第 2 位；乌伊岭站 –46.4℃，位列 1974 年建站以来（49 年）第 4 位；五营站 –43.3℃，并列位于 1959 年建站以来（64 年）第 5 位；伊春站 –41.3℃，位列 1959 年建站以来（64 年）第 3 位。

表 7.1 为伊春市 2023 年 1 月 22 日 08 时至 23 日 08 时最低气温排名前 10 站。

表 7.1 伊春市 2023 年 1 月 22 日 08 时至 23 日 08 时最低气温排名前 10 站

序号	县名	站名	最低气温 /℃
1	嘉荫县	沪嘉	–48.1
2	丰林县	伊春红星苗圃	–47.9
3	嘉荫县	常胜	–47.5
4	嘉荫县	嘉荫	–47.4
5	汤旺县	汤旺	–47.3
6	嘉荫县	嘉荫乌拉嘎	–47
7	汤旺县	乌伊岭	–46.4
8	嘉荫县	青山乡	–45.8
9	丰林县	伊春新青	–45.7
10	乌翠区	伊春翠岭	–44.9

天气特点及影响。2023 年 1 月 17 日，冷空气在西伯利亚堆积，形成冷中心。其后长驱直入，19 日冷空气抵达伊春市，气温大幅下降。23 日气温降至最低，多站最低气温接近历史极值。在冷涡控制下，低温持续。此次冷空气过程具有降温幅度大、持续时间长、最低气温低等特点。

降温前强烈升温，冷空气控制后剧烈降温，降温幅度大。受暖脊影响，18—19 日伊春市最低气温大幅回升，升幅 4～15℃。从而导致 19 日冷空气入侵后，气温断崖式下跌，单日最大降幅 7 ~ 13℃，过程最大降幅 13 ~ 24℃。

环流形势稳定，低温持续时间长。此次冷空气过程伊春市一直受东北冷涡影响，稳定的环流形势引导冷空气源源不断东进，降温过程持续了 4 天（19—23 日），之后最低气温小幅回升并维持在低位震荡。截至 1 月 28 日，北部地区的最低气温仍然低于 -40℃。

冷空气强，最低气温低。500 百帕冷涡中心气温 -52℃，地面低压中心强度 1015.0 百帕（入海前），大陆高压中心强度 1080.0 百帕，这些指标证明了冷空气的强大。再结合夜间辐射降温作用，伊春市多站最低气温接近历史极值。

极寒天气影响。寒冷空气会使呼吸道黏膜的抵抗力降低，易诱发呼吸道疾病，也可能引起心脑血管疾病和冻伤。持续低温加重了供暖、供电等民生保障行业及关联行业的负担和运营成本。极寒天气中，伊春市发生多起居民自来水管冻结，影响了人民群众的生活。

预报服务情况。抢前抓早，发布气象信息聚焦提前量。伊春市气象台 16 日关注到此次强冷空气过程，一方面立即着手组建专班跟进，力争做好服务预警；另一方面于日常预报材料中提醒公众注意防范低温。1 月 18 日正式发布《强降温天气预报》信息，提示"强冷空气入侵，19—20 日伊春市最低气温将明显下降，预计降幅可达 6 ~ 10℃，最低气温将降至 -39 ~ -34℃，其后伊春市被冷空气主体控制，气温继续波动下降，预计 20—25 日最低气温在 -45 ~ -38℃，部分观测站将接近或达到历史同期最低值。在 19—25 日春运气象服务专报中持续跟进了此次持续低温天气过程，多次强调"20—22 日最低气温将接近历史同期极值，后期温度较低"。

低温监测闭环，做好实况服务，及时发布寒潮预警。伊春市气象台时刻关注此次持续低温的天气情况，针对 19—20 日的强降温，19 日发布了寒潮橙色预警信号。20 日发布了极寒天气预报的高影响天气预报，提示"受强冷空气影响，预计 20 日夜间至 24 日，全市最低气温低于 -36℃，其中丰林、汤旺、嘉荫最低气温低于 -40℃，达到极寒天气标准（最低气温低于 -40℃），局地最低气温可能突破历史极值，请注意防范。25 日开始气温缓慢回升"。21 日起，每天 08—09 时滚动更新《重要天气报告》，向政府部门汇报昨日最低气温以及未来 3 天预报，为职能部门科学决策部署提供参考支撑。共制作发布 7 期。

服务及时，相关部门快速联动。本次极寒天气过程，伊春市气象台共发布气象服务信息专报 10 期、气象信息 1 期，寒潮橙色预警信号 1 期、高影响天气预报 1 期、重要天气报告 7 期，向市长秘书提供未来 24 小时天气预报 9 期、提供极寒天气新闻稿件 1 份。通过"伊春发布""龙头新闻""伊春气象"等对公众发布。并与应急局、供水供热等相关单位及时联动。

不定时与市应急局联动，报告气温实况及趋势。在关于极寒天气的预报材料发出后，伊春市自来水有限公司第一时间启动了极寒天气应急预案，组织 10 支抢修巡护队随时待命，并在夜间对各小区楼道内供水管线进行全面巡检，全力以赴做好春节期间供水设施防寒防冻保护工作，保障市区居民用水安全。1 月 24 日上午，伊春市市长深入市 12345 热线话务中心和伊美区，就供水、供热等民生保障工作进行调研。市长实地踏查了多个居民小区的供水设施抢修情况，来到居民家中，详细了解居民室内温度情况。针对应对极寒天气，做好供热、供水、供电等民生保障作出重要指示，强调要坚持防、修结合，全面做好老旧小区单元门防寒保暖工作，切实有效防止低温严寒天气对供水设施的影响。

预报与服务评估。《强降温天气预报》于 18 日制作发布，预报最低气温出现在 20—25 日，为 −45 ～ −38℃。对比实况，最低气温出现在 23 日，为 −47.4 ～ −38.3℃，对极寒天气及其出现时段预报较为准确。但对寒潮前升温估计不足，导致降温幅度有误判。预报 19—20 日气温降幅 6 ～ 10℃，过程最大降幅 12 ～ 16℃，实际上 19—20 日气温降幅 7 ～ 13℃，过程最大降幅 13 ～ 24℃。寒潮橙色预警信号于 19 日 11 时发布，预报 19—20 日伊春市大部最低气温下降 12℃以上。经实况检验，除铁力市最低气温下降不足 8℃以外，其他区县降幅均接近或超过 12℃。全市 5 个国家气象站中有 2 个站最低气温下降超过 12℃，24 个考核区域气象站中有 10 个站最低气温下降超过 12℃，占比 40% 以上，符合预警标准就高的理念。高影响天气预报《极寒天气预报》于 20 日发布，填补了预警信号时效结束后的空白时段，是服务手段的有效补充和延伸探索。

各项预报材料均能提前发布，内容准确，叫应及时，流程闭环，效果很好，受到各界好评。

7.3.2 台风"卡努"合并冷涡影响 8 月 12—13 日天气过程气象服务

2023 年 8 月 12—13 日，受 2023 年 6 号台风"卡努"合并高空冷涡的影响，伊春市普降中到大雨，局地降暴雨。降雨持续时间较长，过程累计降水量较大，对全市防汛工作造成一定影响。市气象台提前 1 周滚动跟进预报，及时服务，各部门联动，取得良好的气象服务效果。

过程降水量：受 2023 年 6 号台风"卡努"残余水汽汇入高空冷涡的影响，8 月 12—13 日伊春市出现了中到大雨、局地暴雨天气。8 月 12 日 17 时至 14 日 08 时，全市有 18 站降水量超过 50 毫米，降水主要集中铁力市、伊美区、嘉荫县。其中，全市 39 个气象站，有 3 站超过 50 毫米，分别为伊美区美溪站 61.1 毫米，铁力市桃山站 58.5 毫米，嘉荫县红光站 56.7 毫米，11 站在 25 ～ 50 毫米，23 站在 10 ～ 25 毫米，2 站在 10 毫米以下。全市 410 个水文站降雨，15 站超过 50 毫米，最大降水量是铁力市新建村水文站 62.0 毫米，140 站在 25 ～ 50 毫米，255 站在 25 毫米以下。此次过程以稳定性降雨为主，降雨时间较长、累计雨量较大，见表 7.2。

表 7.2 伊春市 8 月 12 日 17 时至 14 日 08 时降水量排名前 10 站

排名	地点	站名	台站类别	雨量 / 毫米
1	铁力市	新建村（水文）	水文站	62.0
2	伊美区	美溪	气象站	61.6
3	铁力市	桃山水库站	水文站	60.5
4	铁力市	桃山水位站	水文站	60.5
5	铁力市	桃山	气象站	58.4

续表

排名	地点	站名	台站类别	雨量 / 毫米
6	铁力市	桃山水库（水文）	水文站	58.0
7	嘉荫县	红光	气象站	56.7
8	铁力市	茂林林场（水文）	水文站	56.2
9	伊美区	西林河村（水文）	水文站	54.5
10	嘉荫县	红锦屯	水文站	54.0

　　逐日降水量：12 日 08 时至 13 日 08 时 24 小时降水量，全市 429 个雨量站有降水，其中，9 站超过 50 毫米，最大降水量是铁力市新建村（水文）站 60.2 毫米，64 站在 25 ~ 50 毫米，356 站在 25 毫米以下，见表 7.3。

表 7.3　伊春市 8 月 12 日 08 时至 13 日 08 时降水量排名前 10 站

排名	地点	站名	台站类别	雨量 / 毫米
1	铁力市	新建村（水文）	水文站	60.2
2	铁力市	桃山水库站	水文站	59.0
3	铁力市	桃山水位站	水文站	58.5
4	铁力市	桃山水库（水文）	水文站	57.0
5	铁力市	茂林林场（水文）	水文站	56.4
6	铁力市	八里川（水文）	水文站	53.0
7	铁力市	爱国（水文）	水文站	52.5
8	铁力市	横太山（水文）	水文站	52.0
9	铁力市	年丰水库	水文站	51.5
10	铁力市	稳水河（水文）	水文站	47.0

　　13 日 08 时至 14 日 08 时 24 小时降水量，全市 412 个雨量站降水，最大降水量为伊美区美溪站 56.5 毫米，3 站在 50 毫米以上，28 站在 25 ~ 50 毫米，281 站在 25 毫米以下，见表 7.4。

表 7.4　伊春市 8 月 13 日 08 时至 14 日 08 时降水量排名前 10 站

排名	地点	站名	台站类别	雨量 / 毫米
1	伊美区	美溪	气象站	56.5

续表

排名	地点	站名	台站类别	雨量/毫米
2	嘉荫县	红光	气象站	52.8
3	嘉荫县	红锦屯	水文站	51.0
4	嘉荫县	前景站	水文站	48.5
5	伊美区	西林河村（水文）	水文站	48.5
6	嘉荫县	双丰站	水文站	48.0
7	嘉荫县	前景（水文）	水文站	48.0
8	嘉荫县	共荣（水文）	水文站	48.0
9	嘉荫县	保兴	气象站	35.9
10	伊美区	大西林林场（水文）	水文站	33.0

天气特点及影响。台风合并冷涡，水汽条件好，降水范围广。此次降水过程为2023年6号台风"卡努"合并冷涡，冷涡中心偏北。在伊春市的影响主要表现为台风"卡努"减弱为热带低压，其水汽汇入冷涡南部槽前暖湿气流中，西南暖湿气流强盛，伊春市降水性质以稳定性降水为主，降水范围广，面雨量大。

副热带高压、台风、高空槽三带系统影响，符合主汛期东北地区产生大降水的天气背景。伊春市处于主汛期的末期，副热带高压环流对台风路径影响较大，先是在8月4日副热带高压在北部西北气流携带冷空气南压的影响下，在朝鲜半岛南部海域断裂为东西两部分，台风"卡努"在浙江东部东海海域转向东北移动，8月8日，东部副热带高压再次西伸，台风"卡努"再次转向西北偏北方向移动。台风"卡努"减弱热带低压与冷涡合并后，副热带高压东退，合并的低槽快速东移，自西向东影响伊春市。

预报预警服务情况。领导重视，超前部署决策。8月9日，市委书记来到市气象局调研，并召开全市防汛防台风调度会议。他强调，要深入学习贯彻习近平总书记关于防汛救灾工作的重要指示精神，迅速落实全省防汛防台风视频调度会议部署，科学分析研判第6号台风"卡努"对伊春市影响，坚决克服麻痹思想、侥幸心理，抓实抓细防汛防台风各项措施，确保全市人民群众生命财产安全和社会大局稳定。他首先通过气象台查看预报预警平台运行情况，详细了解第6号台风"卡努"实时信息、发展趋势及对伊春市影响，要求气象部门充分发挥"吹哨人"作用，紧盯台风动态，精准分析雨情水情汛情，及时发布预报预警信息，为科学应对台风汛情、做好应急准备和处置工作提供有力支持。在随后召开的全市防汛防台风调度会议上，他认真听取了市气象局对第6号台风"卡努"的分析研判情况和铁力市、金林区防范工作情况汇报，对嘉荫县、伊美区、乌翠区、友好区进行工作调度。他指出，当前全市仍处于"七下八上"的防汛关键期，受第6号台风"卡努"影响，近日伊春市有较强降水天气过程，要在思想上高度重视，以"时时放心不下"的责任感，绷紧防汛防台风这根弦，在岗言岗，以战时的状态、临战的姿态，坚决打赢防汛防台风这场硬仗，以实际行动坚定拥护"两个确立"、坚决做到"两个维护"。

提早关注，及时发布相关气象信息。针对此次降雨天气过程，伊春市气象台提前1周持续关注，滚动发布气象信息和重大气象信息专报。8月7日11时发布第一期题为"8月8—10日中南部中到大雨，台风'卡努'影响伊春市"的气象信息。提示："8月8—10日伊春市中南部有一次中到大雨天气过程，中南部累计降水量较大。过程累计降水量，铁力、大箐山、南岔、伊美、乌翠、金林、友好为40~70毫米，部分乡镇为70~100毫米；汤旺、丰林、嘉荫为20~40毫米。降水主要集中在7日夜间到8日夜间，最大小时雨强20~40毫米。预计6号台风'卡努'将于10日夜间开始影响伊春市。"

8月9日15时跟进发布第二期题为"台风'卡努'北上，8月11—16日持续对伊春市产生影响"的气象信息。提示"受6号台风'卡努'北上影响，预计8月11—16日伊春市连续有降雨天气。过程累计降水量，中北部嘉荫、汤旺、丰林、南岔、金林40~70毫米，个别乡镇可达70~100毫米；中南部伊美、友好、乌翠、铁力、大箐山20~50毫米。最大小时雨强20~40毫米。降水性质以稳定性降水为主。同时，风力较大，有5~6级东南风，阵风7~9级"。

8月10日11时升级发布了一期题为"台风'卡努'北上，8月11—16日对伊春市产生较大影响"的重大气象信息专报。提示："8月11—16日，6号台风'卡努'北上，对伊春市持续产生影响。过程累计降水量，嘉荫、汤旺、丰林、金林、南岔、大箐山50~80毫米，部分乡镇可达80~110毫米，其他区县30~60毫米；中南部降水主要集中在11—12日，北部降水主要集中13—15日。最大小时水强30~50毫米。降水同时，风力较大，有4~6级东南风，阵风7~8级。东南部降水较大区域与前期降水较强区域重合，次生灾害风险较高。"

8月11日10时发布了第二期题为"台风'卡努'影响伊春市，12—13日全市中到大雨，局地暴雨"的重大气象信息专报。提示："6号台风'卡努'登陆朝鲜半岛，受减弱台风合并高空冷涡的影响，12—13日全市有中到大雨，局地暴雨。8月11—15日过程累计降水量，全市40~80毫米，部分乡镇可达80~110毫米。降雨主要集中在12日夜间到13日夜间。最大小时雨强30~50毫米。降雨同时，风力较大，有4~6级偏南风，阵风7~8级。东南部降水较大区域与前期降水较强区域重合，次生灾害风险较高。"

8月12日10时发布了第三期题为"受台风'卡努'残留水汽影响，12—13日全市中到大雨，局地大到暴雨"的重大气象信息专报。提示："6号台风'卡努'中心已于8月11日23时前后在辽宁省庄河市沿海登陆，登陆时减弱为热带低压，12日02时停止编号。受其残留水汽与高空冷涡合并的影响，12—13日全市有中到大雨，局地大到暴雨。过程累计降水量全市30~60毫米，个别乡镇可达80~100毫米。降水主要集中在12日夜间到13日夜间。最大小时雨强20~40毫米。12—13日以稳定性降水为主，14—16日为对流性降水。"

8月13日10时发布了第四期题为"受台风'卡努'合并冷涡影响，13日白天到夜间全市中雨，局地大雨"的重大气象信息专报。提示："受台风'卡努'残余水汽汇入高空冷涡的持续影响，8月13日白天到夜间全市有中雨，局地大雨，14—16日有阵雨或雷阵雨。8月13—16日累计降水量，全市20～40毫米，个别乡镇可达40～60毫米。降水主要集中在13日白天到夜间。最大小时雨强20～40毫米。13日以稳定性降水为主，14—16日为对流性降水。"

以上过程都提前将预报信息提供各级政府，通过微信群、电子邮箱，分别发往伊春市委、市政府，市应急局和各应急保障相关单位。同时提供给伊春公众号、伊春气象公众号等媒体，扩大民众接收信息渠道，及时了解天气情况，提早作出预防措施，保障民生安全。

精密监测，提前发布预警信号。面对较强降雨天气过程，伊春市气象台值班员严阵以待，积极与黑龙江省气象台沟通，8月12日23时00分提前发布铁力市、乌翠区、友好区、伊美区、丰林县暴雨蓝色预警信号，及时指导县局发布材料，并与市应急局防汛抗旱指挥部、市水务局、市自然资源局、市交警支队、市海事局、市农业农村局等相关单位及时联动，取得了良好的气象服务效果。

为提高对旅游景区服务效果，为旅游部门、旅游景区和游客适时调整运行和出行计划提供有力决策依据，针对8月12—13日的降水天气过程，为伊春市十大景区发布专项预报，提供了精细化到逐3小时的降水量预报。

2022年8月12日20时30分伊春市气象局与伊春市自然资源局联合发布地质灾害气象风险黄色预警。

监测闭环，及时发布信息，全力做好气象保障服务。本次过程，共发布《气象信息》2期，《重大气象信息专报》4期，《暴雨蓝色预警信号》1期，《重要天气报告》3期，《十大景区专项预报》8期。伊春市自然资源局与伊春市气象局联合发布地质灾害气象风险黄色预警1期。8月12—14日，为市委市政府每日上午发布重大气象信息专报，每日下午发布未来3天预报。

伊春市气象台充分利用多种发布手段，及时将气象服务信息专报、气象信息、预警信号、短临强报、短时预报以及市防汛抗旱指挥部启动的应急响应，通过微信、电话、邮箱等渠道及时发布给市政府、市应急局防汛抗旱指挥部、市水务局、市自然资源局，以及各相关服务单位，通过联通、移动、电信短信平台对公众发布。伊春公众号连续发布了2期气象信息和4期重大气象信息专报，伊春融媒抖音号连续转载6期抖音小视频，连日转载《伊春市十大景区专项预报》，扩大了公众的覆盖面，对游客实时作出提醒。

同时，对未设气象机构的大箐山县、南岔县、友好区、金林区、乌翠区、鹿鸣矿业第一时间进行相关服务，共计发布《气象信息》12期、《重大气象信息专报》12期、暴雨蓝色预警信号2期。

累计降水量预报评估。实况表明，12日08时到14日08时，全市39个气象站点平均降水量24.5毫米，最大累计降水量61.6毫米，出现在伊美区美溪镇。较大的降水落区在铁力市、伊美区、嘉荫县，分别有1个站累计降水量在50毫米以上；11个站点累计雨量25～50毫米，23个站点累计雨量10～25毫米，2个站点累计雨量10毫米以下。

EC数值预报产品8月8—11日20时初始场对此次台风"卡努"合并冷涡过程最大降水量和预报落区准确，国家内网预报产品8—11日4天中每天预报12—14日累计降水量最大值 50 ~ 70 毫米，与实况降水量相符，落区基本一致。8 月 11 日 10 时发布的重大气象信息专报预报："单纯受台风影响（11—12 日白天）产生的降水量较小，合并之后（12日夜间至 13 日夜间）雨量加大、影响范围扩大，全市均有中到大雨，局地暴雨。"量级和落区预报准确，效果较好。

小时雨强预报评估。本次降雨过程最大小时雨强 32.1 毫米，8 月 13 日 14—15 时出现在伊美区美溪镇美溪站。重大气象信息专报预报小时雨强 20 ~ 40 毫米，预报正确。

预警信号评估。8 月 12 日 23 时 00 分发布的 1 期暴雨蓝色预警信号，预报铁力市、乌翠区、友好区、伊美区、丰林县 12 小时达到 50 毫米，实况是，铁力市有 8 个水文站超过 50 毫米，集中在桃山镇附近，最大雨量 58.8 毫米，气象站点最大雨量桃山站 39.4 毫米。

7.3.3　2021 年 11 月 8—11 日特大暴雪气象服务评估

2021 年 11 月 8—11 日，伊春市自南向北出现一次特大暴雪天气过程，降雪主要集中在 8 日白天至夜间。此次降雪过程是入冬以来最大一次降雪过程，各站降雪量 23.6 ~ 40.4毫米，积雪深度 12.0 ~ 35.0 厘米。出现电线结冰、道路结冰、雪阻等气象灾害；对森林防火、净化空气、土壤保墒起到较好作用。伊春市气象台提前预报、准确预警、及时服务，各部门联动，取得很好的服务效果。

降雪实况。受高空低涡和地面低压的共同影响，11 月 8 日凌晨伊春市降雪自南部铁力率先开始，降雪主要集中在 8 日白天至夜间，9—10 日降雪减弱，11 日夜间降雪结束。7 日 20 时至 11 日 08 时，全市 5 个国家气象站累计降雪：伊春 40.4 毫米，乌伊岭 26.7 毫米，嘉荫 24.8 毫米，五营 24.6 毫米，铁力 23.6 毫米。

此次降雪主要落区在伊春市中部，最大降雪量 40.4 毫米，出现在伊春站。伊春市降水以雪为主，11 月 8 日白天南部铁力有短时雨夹雪，9 日白天伊春站、五营站、乌伊岭站有短时雨夹雪，嘉荫站有短时毛毛雨。

此次强降雪伊春市 8 日 08 时至 9 日 08 时 24 小时降雪量 3 个站突破 1961 年以来日降雪量历史极值。伊春站 32.1 毫米（历史极值为 2003 年 11 月 20 日 17.8 毫米），嘉荫站20.1 毫米（历史极值为 2013 年 11 月 25 日 19.9 毫米），铁力站 16.0 毫米（历史极值为2005 年 11 月 5 日 15.2 毫米）。五营站、乌伊岭站位列历史第二位。历史第一位为 2018 年11 月 9 日，五营站 22.4 毫米，乌伊岭站 24 毫米。

降雪形成较大的积雪深度，截至 11 月 11 日 08 时，各站积雪深度，伊春站 35.0 厘米，五营站 20.0 厘米，乌伊岭站 19.0 厘米，嘉荫站 15.0 厘米，铁力站 12.0 厘米。伊春站突破1961 年以来 11 月上旬积雪深度历史极值（1966 年 11 月 1 日 27 厘米），其余各站没有超过同期历史极值。

受冷暖空气的共同作用，8 日 13 时 20 分铁力站开始降雨夹雪，导致电线结冰，出现冻雨现象。9 日白天伊春站、丰林站、乌伊岭站、嘉荫站均有短时雨或雨夹雪。

受降雪影响，降雪集中时段内能见度大部在 1000 米以下，8 日 19 时伊春站最低能见度 314 米。

截至 11 日 08 时全市极大风速 13.4 米 / 秒，11 日 08 时出现在嘉荫站。

预报服务情况。针对此次降雪过程，伊春市气象局积极应对，及时发布预报、预警信息。市气象台在 11 月 5 日 10 时发布了重大气象信息专报 13 期《降温、雨雪、大风预报》，指出：11 月 5—6 日、8—10 日有两次雨雪、降温、大风天气过程，降水相态复杂，将产生对交通有影响的道路结冰。提示相关部门做好交通、电力、通信等基础设施安全运行保障工作。11 月 7 日 10 时跟进发布重大气象信息专报 14 期《雨、暴雪、大风预报》，指出：7 日夜间至 10 日，全市自南向北有一次雨雪冰冻、大到暴雪、大风天气过程，过程降水量 25～45 毫米（雪量 8～15 毫米），新增积雪深度 3～15 厘米，降水时段集中在 8 日白天至 9 日白天，部分地区降水量可能接近或突破历史同期极值（近 10 年极值出现在 2018 年，乌伊岭 26.8 毫米）。

重大气象信息专报第一时间发布给各应急成员单位，并通过邮箱、微信群、钉钉群、公众号等形式发布。市气象台向伊春公众号、林城晚报、掌上林城公众号提供了多期专报，伊春公众号于 11 月 7 日发布了《伊春：伊春市气象局继续发布雨、暴雪、大风预报》，阅读量迅速超过 1.3 万。林城晚报、掌上林城公众号分别刊登了一期重大气象信息专报、一期降水情况报告。伊春气象融媒体中心发布了《伊春大到暴雪预报，注意防范》；8 日发布了《伊春：启动暴雪Ⅲ级应急响应，力求预警快预报准服务好》，同时各县区气象局通过伊春气象公众号发布了具体预报。针对 7 日夜间至 10 日的降水过程，市气象台于 8 日 06 时起滚动发布重要天气报告，截至 11 日 08 时共发布 15 期，提供了及时准确的气象信息。

伊春市气象灾害应急指挥部于 8 日 12 时启动气象灾害Ⅲ级应急响应，并于 21 时升级为气象灾害Ⅱ级应急响应，9 日 10 时降级为气象灾害Ⅲ级应急响应。

伊春市气象台于 7 日 16 时提前发布道路结冰黄色预警，7 日 18 时 10 分发布了大风蓝色预警，8 日 10 时发布了全市暴雪橙色预警信号，8 日 16 时继续发布了道路结冰黄色预警。8 日 20 时 30 分升级发布了暴雪红色预警信号，9 日 06 时 50 分降级发布了暴雪蓝色预警信号，9 日 16 时 30 分继续发布道路结冰黄色预警信号，及时提醒相关单位及部门做好应急响应工作。

根据气象信息，相关单位以雪为令，迅速联动。环卫部门以清雪为重点制定了清雪工作预案，昼夜奋战；伊春市交警支队根据气象台发布的气象信息专报和预警，及时上路巡逻，并通过微博等媒体，提醒广大驾驶员注意道路结冰、谨慎驾驶。对部分路段路面采取了车辆限行、限速措施，确保出行安全。

伊春市气象局提早、准确发布的气象信息和预报预警，为全市应对此次降雪天气工作的有序开展，争取了有利时机，提供了科学应对依据，取得了良好的气象服务效果。

伊春市人民政府办公室根据气象部门提供的预警预报和重大气象信息专报下发了《关于做好极端降雪天气下防范应对工作的通知》，明确要求，各地、各有关单位要立足实际，科学做好超前预判，及时发布低温、雪灾、道路结冰等预警信号及相关防御指引，为公众出行、交通运输安全等提供天气预警信息服务。各级交通运输、公安交管部门要根据气象灾害发展情况，及时发布路况预警预报。

11 月 9 日 10 时，黑龙江省省长组织召开应对暴雪调度会议，听取各市地市长应对情况汇报。伊春市市长汇报了伊春市这次暴雪的预报和应对情况。她说，面对这次暴雪，我们提前部署，应急响应从三级提升到二级，并发布了红色暴雪预警，最大降雪量伊美区32.2毫米，创历史纪录，最大雪深27厘米，我们动员各部门采取措施，中小学生线上教学，加强交通管制，最大限度地降低了暴雪带来的损失。

随后，市长主持召开了全市应对暴雪调度会议。她要求，各地要认真落实省政府这次调度会议精神，继续做好应对暴雪的后续工作，要切实落实"七保"，要注重舆论引导，做好宣传引领，强调正能量，宣传在前，防止被动，争取主动。会前，市长听取了市气象局这次降雪预报预警情况汇报，询问了降雪后续情况，并要求气象部门继续做好监测预报预警，及时报告气象信息，防止灾害叠加和持续影响。

实况与预报、预警评估。经过与实况对比，重大气象信息专报中降雪开始、结束时间，集中时段，降水总量预报正确；降雪量、积雪深度预报偏小。暴雪橙色预警信号发布正确，提前量10小时；暴雪红色预警信号发布正确，提前量30分钟。道路结冰黄色预警信号发布正确，效果明显。

7.3.4　2018年7月24—25日受台风"安比"减弱的热带气旋影响伊春市中南部暴雨洪涝灾害过程服务

受西风槽及台风安比减弱后的热带气旋共同影响，24日夜间至25日夜间，伊春市迎来入汛以来最强的一次暴雨、大暴雨天气过程，降水主要集中在24日夜间到25日白天。24日08时至25日20时，包括区域雨量站和乡镇雨量站在内，共11个站点达到大暴雨量级，19个站点达暴雨量级，8个站点达大雨量级。其中量级最大的是伊春区东升乡，累计雨量达到199.3毫米。水文站42个站点达到大暴雨量级，84个站点达暴雨量级，105个站点达大雨量级（表7.5～表7.7）。

表7.5　2018年7月24—25日伊春市国家气象监测站降水量　　　　　　　　　　　毫米

国家气象站 站名	过程累计降水量 （24日08时至25 日20时）	12小时降水量 （24日08—20时）	12小时降水量 （24日20时至25 日08时）	12小时降水量 （25日08—20时）
嘉荫	20.0	0.0	19.5	0.5
乌伊岭	22.3	0.0	21.5	0.8
五营	64.4	0.0	52.5	11.9
伊春	154.5	21.4	109.4	23.7
铁力	111.4	0.0	27.0	84.4

表 7.6　2018 年 7 月 24—25 日伊春市区域自动气象监测站降水量　　　　毫米

区域自动站站名	过程累计降水量（24 日 08 时至 25 日 20 时）	区域自动站站名	12 小时降水量（24 日 08—20 时）	区域自动站站名	12 小时降水量（24 日 20 时至 25 日 08 时）	区域自动站站名	12 小时降水量（25 日 08—20 时）
伊春区	199.3	红星区	红星苗圃 15.4	伊春区	东升乡 189	金山屯区	金山屯丰林 94.0-
乌马河区	乌马河（翠岭）151.2	伊春区	东升乡 11.6	乌马河区	乌马河（翠岭）122.7	南岔区	南岔 94.0
红星区	红星苗圃 142.5	乌马河区	乌马河（翠岭）3.7	红星区	红星苗圃 101.5	铁力市	王扬 78.8
南岔区	南岔 116.8	友好区	友好（朝阳）1.7	美溪区	缓岭 63.5	铁力市	双丰 70.8
金山屯区	金山屯丰林 114.6	铁力市	桃山 1.2	友好区	友好（朝阳）62.0	铁力市	朗乡 60.2
铁力市	王扬 101	铁力市	朗乡 0.1	嘉荫县	保兴 28.7		五花村 60.1
铁力市	双丰 94.5			嘉荫县	乌拉嘎 25.7	铁力市	桃山 55.1
	五花村 78.8			铁力市	双丰 23.7	乌马河区	乌马河（翠岭）27.7
铁力市	桃山 78.2			南岔区	南岔 22.8	红星区	红星苗圃 27.2

续表

区域自动站站名		过程累计降水量（24 日 08 时至 25 日 20 时）	区域自动站站名		12 小时降水量（24 日 08—20 时）	区域自动站站名		12 小时降水量（24 日 20 时至 25 日 08 时）	区域自动站站名		12 小时降水量（25 日 08—20 时）
友好区	友好（朝阳）	75.1				铁力市	王扬	22.2	友好区	友好（朝阳）	12.9
美溪区	缓岭	73.3				铁力市	桃山	21.9	美溪区	缓岭	9.8
铁力市	朗乡	66.7				金山屯区	金山屯丰林	20.6	嘉荫县	乌拉嘎	6.2
嘉荫县	乌拉嘎	31.9					五花村	18.7	嘉荫县	保兴	2.1
嘉荫县	保兴	30.8				嘉荫县	干沟桥	16.2			

表 7.7 2018 年 7 月 24—25 日伊春市水文站降水量　　　　　　　　　　毫米

水文站站名		过程累计降水量（24 日 08 时至 25 日 20 时）	水文站站名		12 小时降水量（24 日 08—20 时）	水文站站名		12 小时降水量（24 日 20 时至 25 日 08 时）	水文站站名		12 小时降水量（25 日 08—20 时）
铁力市	保马农场雨量站	281.5	铁力市	长远	162.0	铁力市	保马农场雨量站	143.0	铁力市	工农乡新民村站	97.0
铁力市	长远	225.5	铁力市	保马农场雨量站	141.5	翠峦区	解放经营所	142.5	西林区	三公里所站	93.0

续表

水文站站名		过程累计降水量（24日08时至25日20时）	水文站站名		12小时降水量（24日08—20时）	水文站站名		12小时降水量（24日20时至25日08时）	水文站站名		12小时降水量（25日08—20时）
铁力市	卫东林场	181.5	铁力市	红光农场	6.0	铁力市	卫东林场	140.0	金山屯区	丰岭	93.0
美溪区	缓岭经营所	172.0	铁力市	巴兰农场	51.0	铁力市	茂林河林场	120.5	西林区	新村林场站	89.5
铁力市	红光农场	166.0	铁力市	三道沟	40.5	乌马河区	西岭林场	108.0	新青区	笑山林场	82.5
翠峦区	解放经营所	152.5	美溪区	对青山经营所	27.0	美溪区	卧龙河林场	106.5	南岔区	南岔防汛办	81.5
美溪区	卧龙河林场	149.0	乌马河区	锦山村四屯	22.5	美溪区	金沙河林场	105.0	带岭区	环山林场	80.5
乌马河区	西岭林场	144.5	铁力市	折凌所	22.0	乌马河区	安全经所	93.5	西林区	白林所站	79.5
铁力市	北星农场	141.0	铁力市	大西北岔	19.5	美溪区	松岭经营所	93	南岔区	国庆村	76.5
翠峦区	幺河所胜利大桥雨量站	137.5	铁力市	正岔河	19.0	美溪区	三股流经营所	92.5	铁力市	香草河农场	76.0
铁力市	茂林河林场	137.0	伊春市	南河林场	19.0	乌马河区	锦山村四屯	92.5	带岭区	南列	75.5

续表

水文站站名	过程累计降水量（24日08时至25日20时）	水文站站名	12小时降水量（24日08—20时）	水文站站名	12小时降水量（24日20时至25日08时）	水文站站名	12小时降水量（25日08—20时）
乌马河区	锦山村四屯	135.5	南岔区	晨明所	19.0	美溪区	大西林铁矿站530	92.0	铁力市	桃山镇神树村新立屯站	75.5
美溪区	大西林铁矿站530	135.0	伊春区	101社区	18.5	伊春区	101社区	90.0	金山屯区	逍闲庄	75.5
西林区	三公里所站	133.0	美溪区	缓岭经营所	18.0	乌马河区	翠岭经营所	89.0	西林区	西北沟	74.0
伊春区	101社区	130.5	铁力市	向阳社区	17.5	乌马河区	青山林场	87.0	铁力市	建设二十八屯	73.5
西林区	新村林场站	130.0	南岔区	宝泉村	16.5	乌马河区	锦山村六屯	84.5	南岔区	梧桐村	72.5
铁力市	工农乡新民村站	126.0	铁力市	九连林场	15.5	美溪区	缓岭经营所	84.0	美溪区	缓岭经营所	71.5
铁力市	泥河林场	123.5	铁力市	折凌河	12.0	美溪区	群峦经营所	83.5	铁力市	黑河林场	70.0
美溪区	金沙河林场	120.5	铁力市	新东塘坝	12.0	美溪区	兰新经营所	83.5	铁力市	北关水位站	69.5
美溪区	兰新经营所	120.5	南岔区	三岔河林场	12.0	翠峦区	幺河所胜利大桥雨量站	83.0	南岔区	沙山村	69.5

续表

水文站站名		过程累计降水量（24日08时至25日20时）	水文站站名		12小时降水量（24日08—20时）	水文站站名		12小时降水量（24日20时至25日08时）	水文站站名		12小时降水量（25日08—20时）
金山屯区	丰岭	120.0	美溪区	卧龙河林场	12.0	乌马河区	伊林经营所	81.0	铁力市	北星农场	69.0
铁力市	鹿鸣中心林场	117.0	美溪区	兰新经营所	11.5	美溪区	顺利河林场	80.0	铁力市	三屯农场	68.0
美溪区	三股流经营所	115.5	友好区	绿源林场	10.5	美溪区	大西林林场	80.0	金山屯区	丰北	66.0
美溪区	群峦经营所	113.5	南岔区	奋斗村	9.5	乌马河区	乌马河经营所	79.5	南岔区	岩石所	66.0
铁力市	香草河农场	112.0	南岔区	沙岭村	9.0	铁力市	红光农场	78.5	金山屯区	丰沟经营所站	65.5
铁力市	黑河林场	111.5	南岔区	东红村	9.0	美溪区	五道库经营所	76.5	伊春市	神树林场	65.0
美溪区	大西林林场	111.5	铁力市	朗乡镇小白村站	8.5	伊春区	七道沟	74.5	金山屯区	育林	65.0
美溪区	松岭经营所	110.5	翠峦区	名人麓园	8.5	铁力市	鹿鸣中心林场	74.0	铁力市	前进塘坝	64.0
带岭区	环山林场	110.0	美溪区	三股流经营所	7.5	铁力市	泥河林场	72.5	金山屯区	横山经营所站	63.5

续表

水文站站名		过程累计降水量（24日08时至25日20时）	水文站站名		12小时降水量（24日08—20时）	水文站站名		12小时降水量（24日20时至25日08时）	水文站站名		12小时降水量（25日08—20时）
铁力市	卫星林场	110.0	铁力市	新东塘坝	7.0	伊春区	青峰沟	72.0	金山屯区	白山林场站	62.0
西林区	白林所站	108.5	伊春市	柳河林场	7.0	铁力市	北星农场	72.0	铁力市	建设经营所	62.0
乌马河区	安全经所	106.0	友好区	三合林场雨量站	7.0	乌马河区	伊东农牧场	70.5	铁力市	卫星林场	61.5
西林区	苔青站	106.0	伊春区	七道沟	7.0	伊春区	东升乡	70.0	铁力市	桃山水库站	61.0
乌马河区	锦山村六屯	106.0	乌马河区	伊林经营所	6.5	翠峦区	名人葵园	67.0	伊春市	鸡岭林场	61.0
乌马河区	伊林经营所	105.5	翠峦区	抚育河经营所	6.5	铁力市	向阳社区	61.5	铁力市	西北河林场	60.5
铁力市	建设二十八屯	105.5	翠峦区	尖山河林场	6.5	友好区	永青林场	60.0	西林区	苔青站	60.0
铁力市	西北河林场	105.0	乌马河区	乌马河经营所	6.0	乌马河区	金蟾岛	59.5	南岔区	柳树所	59.5
金山屯区	白山林场站	103.0	南岔区	大吉星村	6.0	友好区	对山站	59.0	铁力市	朗乡镇达里村站	58.5

续表

水文站站名		过程累计降水量（24日08时至25日20时）	水文站站名		12小时降水量（24日08—20时）	水文站站名		12小时降水量（24日20时至25日08时）	水文站站名		12小时降水量（25日08—20时）
南岔区	南岔防汛办	101.0	翠峦区	尖山河农业段	6.0	乌马河区	伊青经营所	58.5	铁力市	桃山水位站	58.0
西林区	西北沟	101.0	乌马河区	九域山庄	5.5	翠峦区	尖山河林场	58.0	铁力市	圣浪林场	58.0
金山屯区	逍闲庄	100.5	友好区	广川林场雨量站	5.0	友好区	青阳林场	57.0	铁力市	半砬山农场站	58.0
金山屯区	丰丽	100.5	伊春区	兴安寺	5.0	友好区	兴安	56.5	南岔区	碧源湖水库	57.5
铁力市	红旗社区	99.5	铁力市	茂林河林场	5.0	伊春区	对山农场	56.5	铁力市	红旗社区	57.5
美溪区	对青山经营所	99.0	友好区	兴安	4.5	友好区	绿源林场	54.0	南岔区	石头河子林场	56.0
伊春区	七道沟	99.0	南岔区	翠岗林场	4.5	嘉荫县	前锋站	53.0	铁力市	朗乡镇胜利村站	55.5
带岭区	南列	98.5	友好区	鸡爪河林场	4.5	友好区	二十一站	51.5	铁力市	朗乡	55.0
乌马河区	乌马河经营所	98.0	乌马河区	伊东农牧场	4.5	上甘岭区	红山经营所	51.5	铁力市	北关农场	55.0

续表

水文站站名	过程累计降水量（24日08时至25日20时）	水文站站名	12小时降水量（24日08—20时）	水文站站名	12小时降水量（24日20时至25日08时）	水文站站名	12小时降水量（25日08—20时）
乌马河区 翠岭经营所	98.0	南岔区 浩良河所	4.5	金山屯区 丰丽	50.5	翠峦区 幺河所胜利大桥雨量站	53.5
南岔区 国庆村	96.0	南岔区 星星村	4.5	乌马河区 九域山庄	50.0	南岔区 太平所	51.5
乌马河区 青山林场	95.5	乌马河区 老分局	4.0	美溪区 对青山经营所	50.0	铁力市 泥河林场	51.0
美溪区 顺利河林场	94.5	铁力市 桃东水库	4.0	五营区 平原林场	49.5	铁力市 桃山镇金牛山村站	51.0
美溪区 五道库经营所	94.0	伊春区 新区一中	4.0	铁力市 卫星林场	48.5	金山屯区 丰丽	50.0
伊春区 青峰沟	92.0	翠峦区 翠峦河经营所	4.0	翠峦区 抚育河经营所	48.0	铁力市 胜利	49.5
乌马河区 伊东农牧场	90.5	铁力市 朗乡水库	4.0	乌马河区 老分局	47.5	铁力市 王杨农场	49.0

　　这次降水过程的特点是范围广，短时间内降水强度大。24日20时至25日08时，12小时雨量伊春市中部地区主要是伊春区附近有5个站为70毫米以上，达到大暴雨量级，5个站为30～70毫米，达到暴雨量级。伊春站雨量为109.4毫米；水文站7个站为100毫米以上，达到大暴雨量级，43个站为50～100毫米，达到暴雨量级。25日08—20时，12小时雨量铁力到南岔一带，有5个站为70毫米以上，达到大暴雨量级；20个站为30～70毫米，达到暴雨量级；西林水库站雨量为104.5毫米。铁力站24日20时至25日20时日雨量为111.4毫米，刷新建站以来日降水量极值（1966年7月13日109.0毫米）。伊春站

24 日 20 时至 25 日 20 时日雨量为 133.1 毫米，与历年极值（1990 年 8 月 13 日）持平。

针对本次大暴雨过程，市气象台先后发布了 2 期《重要信息专报》、5 期暴雨预警信号、2 期雷电预警信号、1 期雷雨大风预警信号和 5 期临近预报、6 期雨情快报。根据降雨情况，伊春市气象局于 7 月 24 日 18 时启动了重大气象灾害（暴雨）Ⅲ级应急响应命令。同时，伊春市人民政府气象灾害应急指挥部启动了重大气象灾害（暴雨）Ⅳ级应急响应命令。

伊春市气象台 7 月 22 日发布重大气象信息专报《暴雨预报》；7 月 24 日发布重大气象信息专报《继续发布暴雨大风预报》、暴雨蓝色预警信号、暴雨橙色预警信号；7 月 25 日发布暴雨红色、暴雨橙色、暴雨蓝色预警信号；7 月 24、25 日发布雷雨大风黄色和雷电黄色预警信号、5 期临近预报、6 期雨情快报。以上信息通过传真发送给政府应急办、市防汛办，通过微信平台发送给防汛群和应急值班群，通过电子邮件发送给市长秘书、电视台、省气象台和各县气象局。

此次中南部地区的暴雨、大暴雨过程致使伊春市多地受灾，伊春市城区内涝积水严重，河水、水库水位暴涨，道路积水，农田被淹，房屋损毁。

8 伊春市林业灾害气象因子与服务效益研究

伊春市确立了"生态立市，旅游强市"战略，保护好这片国家重点林区责任重大。我国各级部门都加大了林业生态保护的研究，而且林业生态保护重中之重在于预防各种自然灾害，这其中气象灾害对林业生态威胁尤为突出。因此，本项研究均具有先见性，为确保伊春市长久绿水青山发挥气象部门应有的作用。

8.1 资料和研究方法

采取问卷调查法、现场勘察法、统计分析法、个案研究法、文献调查法等方法，确定林业重点气象灾害防御区域、梳理影响全市林业生产的主要气象灾害，确定林业风险隐患点，并对调查数据展开分析。综合以上方法，对项目进行研究具有科学性、直观性。

调查对象及主要资料获取对象为伊春市应急管理局、伊春市气象局，部分数据来源伊春市历史年鉴，资料年限为 1985—2022 年。调查内容包括气象灾害风险点所在林场或乡镇（村）、优势树种类型、气象灾害类型、灾害季节分布、灾害监测预警设施布设和林业相关产业气象服务需求。林业相关产业气象服务需求重点包括森林防火、林业有害生物防治、造林抚育、林业资源开发与利用等关键领域气象服务需求。

8.2 林业气象灾害统计分析

8.2.1 林业气象灾害风险点分布

从火灾、风灾、洪涝、冰雹、高温、低温、森林病虫害、霜冻 8 个方面对伊春林业灾害进行调查分析，确定了伊春市林业气象灾害风险点 123 个（图 8.1）。

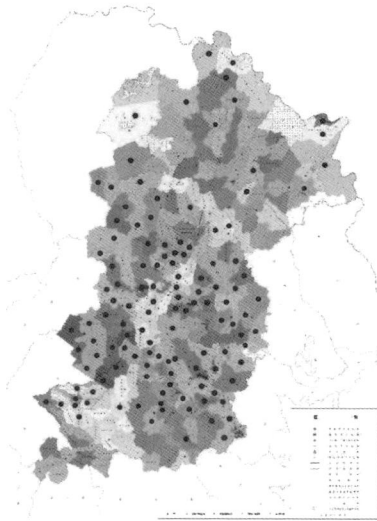

图 8.1 伊春市林业气象灾害风险点

8.2.2 林业气象灾害风险点基本特征

抽取 1985—2020 年时间节点伊春市林区历史受灾资料，分析得知，火灾、病虫害及洪涝灾害是伊春市林业风险的主要灾害类型，占比分别为 52%、15%、11%。主要优势树种类别为松类、杉类，主要的优势树种为红松、云杉、冷杉。

8.2.2.1 林业火灾气象因子结果与分析

调查统计共收集到伊春原始林、人工林、次生林火灾 119 次相关信息，其中雷击火 26 次，涉及林场、乡镇、保护区火灾风险点共 69 处（图 8.2）。空气湿度、温度和风速是影响林火发生的 3 个主要气象因子。空气湿度增加、温度降低、风速减小，才能减少林火的发生。连续高温 2 天以上容易发生火灾，火灾面积与当时的风速、风向有关。

火灾容易发生的季节是在 4—6 月和 9—10 月，冬季无森林火灾发生（图 8.3）。春季为 3—5 月，夏季为 6—8 月，秋季为 9—11 月，冬季为 12 月至翌年 2 月。伊春冬季寒冷漫长，地表留存冰雪层；夏季降水丰沛，可燃物含水量大，均不利于林火的发生。春秋两季降水少、风大物燥、草木枯干，林火易发生。

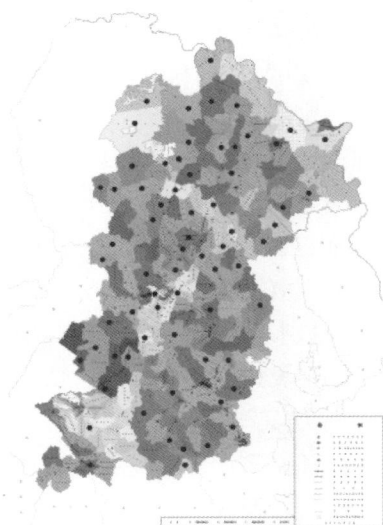

图 8.2　伊春林业火灾风险点

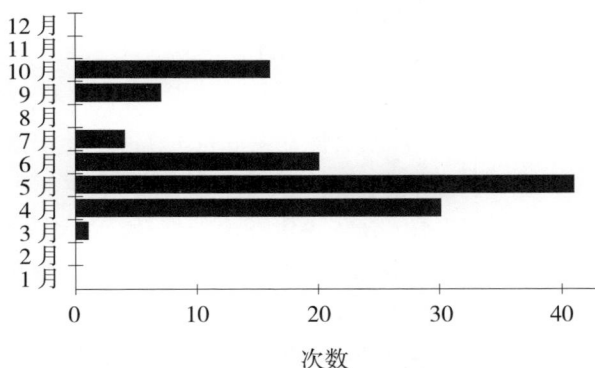

次数

图 8.3　伊春市林区火灾发生季节对比

从地形上看，伊春市的高山主要集中在中南部，一旦发生森林火灾，有形成上山火、树冠火的风险；北部大草塘和农林交错地带等较为平坦的地区，极易形成地表火，引发大面积森林火灾。

对起火前 3 天平均最小相对湿度、当天最小相对湿度不同范围内发生火灾次数分别进行单因素方差分析，结果表明，前 3 天显著性 $P < 0.05$，达到显著水平。这体现出火灾的发生对前期和当天水分现状有较高的要求，即最小相对湿度越小，火灾越容易发生，这是因为最小相对湿度的变化能直接影响可燃物的含水量。相对湿度大，可燃物含水率就会随之增大，着火点升高；相对湿度小，可燃物含水率就会随之减少，着火点降低。

气象资料显示，大部分林火都出现在当天最高气温前后 2 小时，说明火灾的发生与最高气温有一定的相关性。前 3 天平均气温的显著性 $P < 0.05$，达到显著相关；当天平均温度、最高温度的显著性 $P < 0.05$，也达到显著正相关。这说明火灾的发生对前期和当天平均气温、最高气温都有显著的要求。

对前 3 天、当天平均风速不同范围内发生火灾次数分别进行单因素方差分析，结果表明，前 3 天 $P < 0.05$，达到显著，当天 $P < 0.01$，达到极显著，呈正相关。这说明火灾的发生对前期和当天风速状况有一定的要求，即平均风速越大，火灾越容易发生。风是火灾发生的重要条件，它不仅能加速可燃物水分的蒸发，使着火点降低，易于燃烧，同时还能在火灾发生时及时补充燃烧所需要的氧气，增加燃烧的条件。

查阅气象资料，对平均风速不同范围内发生火灾的概率进行分析表明，火灾前 3 天、当天的平均风速大于 2 米 / 秒时发生概率为 76.6%。这是因为微风有助燃、促进林火蔓延的作用。重大林火发生后 2 ~ 5 天基本上都有 6 ~ 8 级（12 ~ 20 米 / 秒）大风出现，说明重大林火的发生还与火灾发生后的最大风速关系十分密切。

8.2.2.2 林业病虫害发生气象因子结果与分析

病虫害的发生流行与气象环境关系密切，温度、湿度、降雨、风等气象要素，对促进或抑制某种病虫害的发生、发展、流行及其危害程度都可能产生显著的影响。其主要致灾气象因子为温度、湿度。

通过调查了解，伊春市各年均有林业病虫害发生。1973—2012 年，伊春市林区发生各种有害生物累计面积 187.8 万公顷，其中森林病害 9.4 万公顷，占发生面积的 5%；森林虫害发生 37 万公顷，占发生面积的 19.7%；森林鼠害发生 141.5 万公顷，占发生面积的 75.3%。

2022 年上半年伊春市主要林业有害生物发生 6.112 万亩，其中落叶松毛虫发生 2.3 万亩，舞毒蛾中度发生 0.4 万亩，鼠害发生 3.412 万亩。主要发生树种为红背平和棕背平，全市地方林业系统各林场均有发生。2022 年伊春市气候持续出现异常变化，影响全市林业有害生物发生。2022 年 5 月初气温较常年低 2.1℃左右，并出现倒春寒等极端天气，造成全市落叶松毛虫越冬死亡率较高，上半年落叶松虫口密度偏低。2021 年是伊春市林区林产品的丰年，鼠害食物丰富，害鼠的越冬死亡率较低，春季鼠害种群数量上升。

森林病虫害的发生发展受到林分状况、气候因素、生物因素、土壤因素和人为活动的外界环境条件的影响，是各种生物和非生物因素共同作用的结果，气象条件是自然因素中最主要的，也是与林木病虫害的发生、危害密切相关的，对林木病虫害的发生的迟早、发展的快慢、危害程度的大小起决定性的作用。气象因素主要包括温度、湿度、降水、光照及气流等，这些因素常常相互影响并共同作用于病虫害。

温度：森林病虫害的发生、发展和流行要求一定的温度。在适宜温度范围内，有利于病虫害的发生流行，否则不利于病虫害的发生。温度不只是影响到昆虫卵、幼虫及蛹的发育速率，也对成虫的生殖和寿命有直接的影响，有可能通过对老龄幼虫、蛹发生作用而影响到成虫的生殖。昆虫生殖与其生长发育所要求的温度基本一致，在适温区成虫的产卵量随温度的升高而增加，冬冻、春寒与虫害发生面积的相关性并不显著。环境温度高，害虫体内各种新陈代谢旺盛、生长发育快；相反，环境温度低，害虫体内代谢速率降低、生长发育缓慢，甚至暂时停滞，处于休眠状态。

湿度：水是生命活动的基础，是昆虫进行各种生命活动不可缺少的介质和成分。湿度一方面直接影响昆虫的生长发育、繁殖和生活；另一方面又影响昆虫的食物和天敌，从而间接影响昆虫本身。不同环境中的昆虫对湿度的要求程度是不一样的，在干燥的环境中昆虫发育缓慢，甚至死亡。但湿度过大也不利于昆虫的生存。如马尾松毛虫的卵在相对湿度 75% 以下时，孵化率很低，大多数在胚胎发育完成后、幼虫咬破卵壳时就死去。在相对湿度 50% 时，孵化率仅为 33.7% ~ 44.3%。不同湿度下饲育的幼虫，成虫羽化后的体长、翅展、产卵量均有所差异。

在自然界，温度和湿度是相互影响并综合作用于昆虫的，且受到光的影响。对同一种昆虫来说，在适宜的温度范围内，其所受影响随湿度的变化而转移；而在适宜的湿度范围内，其所受影响随温度的变化而变化。降雨可以改变天气和土壤的湿度，从而影响寄主植物含水量和害虫本身的发育。在长时间高湿度的环境中，昆虫的卵、幼虫和蛹不能保持正常的生长发育，而且大雨、暴雨常使一些昆虫的卵、幼虫，甚至成虫受到强烈的水浸致死，造成虫口数量急剧下降。一定时期的骤雨和连绵阴雨对松毛虫起着明显的抑制作用，暴雨可以解除虫灾是较常见的。

伊春市春季多大风，降水少，相对湿度较低，有利于发生的主要森林害虫是以杨树为主的多种食叶害虫。夏季温热湿润、雨量充沛、风力较小，发生的是以松树为主的多种食叶性害虫。此外，因受暖冬影响，害鼠种群繁殖加快，对新植林及幼林仍是一大灾害。

风：风对病虫害的迁飞、地理分布以及进化途径有直接影响，部分害虫常借助风力而扩大分布区域。卵和幼虫随着风向从它们滋生地被运送到至少 1 千米以外。

8.2.2.3　林业洪涝灾害气象因子结果与分析

调查统计共收集到 1985—2021 年主要影响伊春市林场、乡镇受洪涝灾害过程 25 次，受灾地 62 处（图 8.4）。伊春市林区洪涝灾害较重，暴雨引起的灾害主要表现为山洪和内涝，每年都会有局地洪涝灾害发生，一般发生在 7—8 月。个别年份还会发生全境范围的洪涝灾害。气象致灾因子主要是降水，并且与当地地形地貌特征相关。

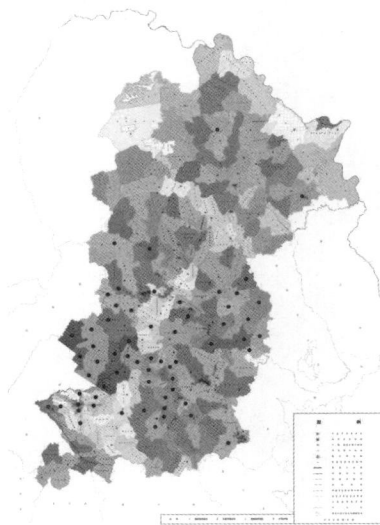

图 8.4　伊春市林业洪涝灾害风险点

结合民政部门的资料和气象数据分析，洪涝灾害多发生在大范围、长周期的降水过程中或之后，与单日暴雨相关性较差。本文利用实况统计的方法，通过天气图资料的分析，总结暴雨和短时强降水发生时时空和地面形势及其配置关系。其中以 2013 年 8 月 12—13 日朗乡森工林场、乡镇为个例着重分析。

当日受灾和降水情况：8 月 12—13 日，根据实况统计雨量，朗乡镇迎春村 174.5 毫米、胜利村 139.0 毫米，朗乡局英山林场 171.0 毫米、南沟经营所 166.0 毫米、乡南经营所 161.0 毫米，降雨主要集中在 8 月 12 日 18 时 30 分至 13 日 0 时左右，致使朗乡河暴发了特大山洪，朗乡林场〔所〕受灾。

此次过程造成朗乡林业局因灾死亡 7 人，紧急转移安置人口 6342 人，倒损房屋 1223 户，水淹苗木 2601 万株。乡南经营所、英林林场、小白林场、胜利经营所等辖区受灾严重，直接经济损失 11593.49 万元。

降水时段天气形势：通过高空和地面实况图分析，8 月 11 日北部高压脊及高压北部的高空急流向东北方向移动；8 月 12 日 20 时西南风高空急流移到黑龙江省西部地区分为两支，一支向东，一支向偏东方向。暴雨区位于偏东急流出口区左侧和偏北急流的东南侧之间的强辐散区。从 8 月 12 日 20 时地面天气图上可以看到，与高空系统相配合的是蒙古和黑龙江西部地区为低压控制，黑龙江省西部大部分地区处于降雨区（图 8.5）。

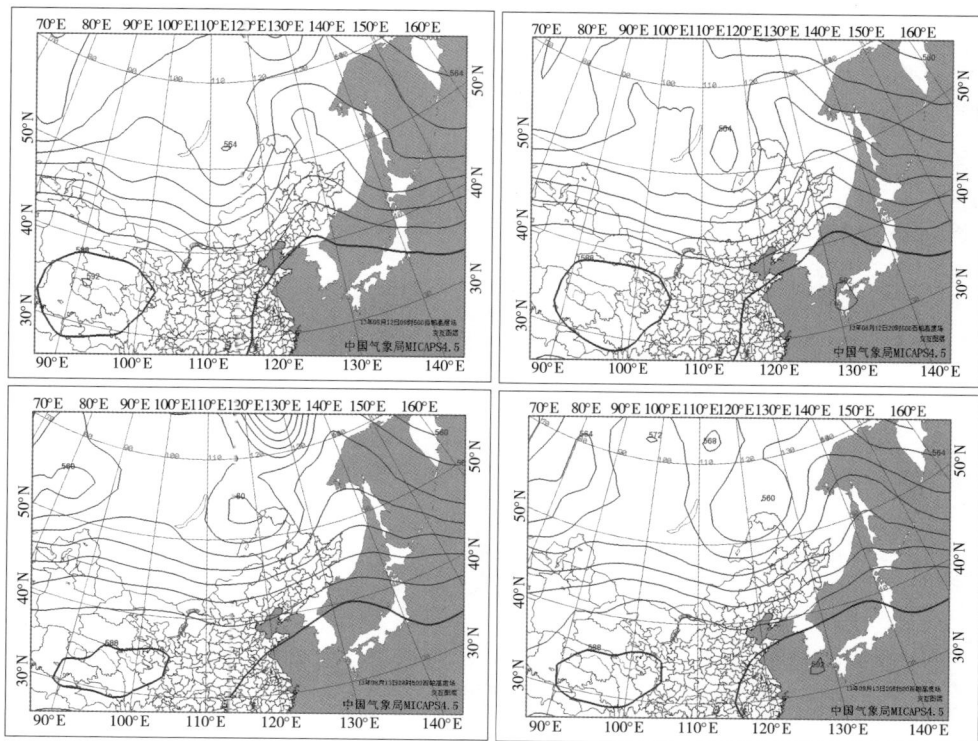

图 8.5　8 月 12 日 08 时、12 日 20 时、13 日 08 时、13 日 20 时 500 百帕高空图

地形影响洪涝灾害发生：由地形图可见，朗乡林业局四面环山，处于山谷中。此前 7 月连续降水 9 天，加之受灾地区当日降水均达到大暴雨量级，林区地表植被已达到饱和状态。受其影响降水之后，周围山上雨水向山谷汇聚，西南岔河和朗乡河都流经朗乡，雨水汇入两条河流导致两条河流水位上涨，超出保证水位，甚至溢出形成洪灾。乡南经营所、英林林场、小白林场、胜利经营所处于地势低处，因此受灾严重。

对比历次林业洪涝灾害成因，总结如下：

降水持续时间长、降水集中、暴雨强度大、降水量级高、地势低的地带易受灾。1961 年、1981 年的水灾都是在连续降雨的情况下形成洪涝灾害。

6 月同一地区 48 小时累计雨量达到 85 毫米，降水期间伴随短时强降水时段，小时雨达到 20 毫米 / 时，并连续出现 2～3 小时，可能引起洪涝灾害。7 月同一地区 48 小时累计雨量达到 90 毫米，或局地小时雨强超过 30 毫米 / 时，可能引起洪涝灾害。8 月同一地区 48 小时累计雨量达到 11 毫米，或局地雨强达到 30 毫米 / 时，可能引起洪涝灾害。

8.2.3　林业其他灾害气象因子结果与分析

调查统计共收集到伊春市林区风灾 8 次相关信息，涉及林场、乡镇风灾风险点共 6 处（图 8.6a），风速是影响林木受损的主要气象因子；冰雹灾害 28 次相关信息，涉及林场、乡镇冰雹灾害风险点共 15 处（图 8.6b）；干旱灾害 11 次相关信息，气象致灾因子为降水量；低温灾害 5 次，气象致灾因子为温度；霜冻灾害 14 次。

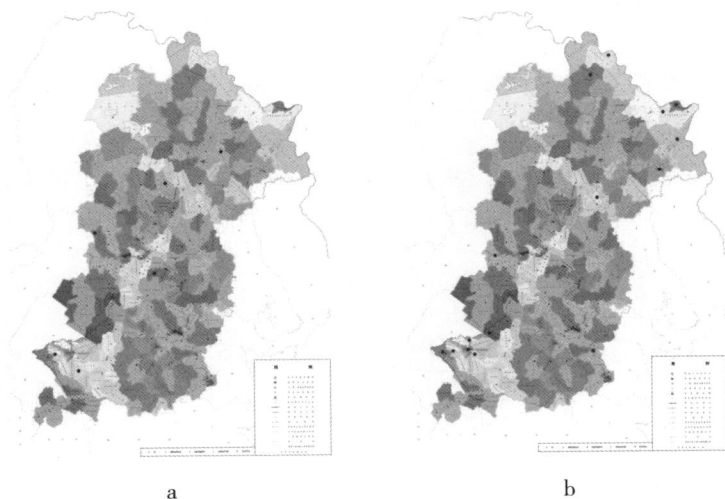

a　　　　　　　　　　　　　　b

图 8.6　伊春市林业风灾风险点（a）冰雹风险点（b）

8.3　林区气象服务需求分析

收到伊春林区自然灾害气象服务需求调查问卷 156 份，通过社会问卷调查得知，森林防火、林业病虫害防御、造林抚育等对气象服务需求量比较大（图8.7）。前面已经阐述森林防火与林业病虫害与气象因子相关性，这里仅对造林抚育与气象因子相关性进行阐述。

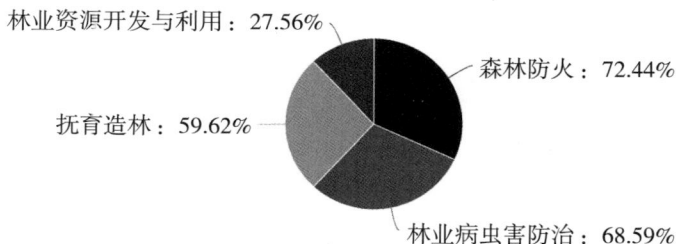

林业资源开发与利用：27.56%

抚育造林：59.62%

森林防火：72.44%

林业病虫害防治：68.59%

图 8.7　伊春林业气象服务需求分析

对伊春市林区影响 3 种主要林木生长量的气候因子进行了分析。分析得知，林木的生长发育和树种的分布受气候条件的影响和制约。这些气候因子主要有温度、降水、辐射和风速等，其中温度、降水、辐射量对林木的分布和生长具有较大的影响。林木生长期温量指数为 1500～1900℃·天，红松和云杉生长量与温量指数呈正相关，落叶松生长量与温量指数呈负相关。林木生长期降水量为 350～700 毫米，林木生长量与生长期内降水量基本呈负相关。云杉和红松的生长量与生长期内日平均辐射量呈正相关，落叶松生长量与生长期内日平均辐射量具有不太显著的负相关。云杉和红松的生长量与生长期内日林木的生长量除受气温、降水和辐射量 3 种主要气象因子影响外，还受风速、相对湿度等气象因子、土壤、地形条件、林分类型、树龄等因子的影响，是这些影响因子的综合作用的结果。

除此之外，造林抚育对风、雨、雪、低温比较敏感，大雨以上、8 级以上大风会引起林苗倒伏，接连 3～5 天阴雨天气、0℃ 以下结冰或者低温 5～6℃ 持续 5 天以上容易烂苗，对造林抚育造成不利影响。

8.4　林业气象灾害风险的监测与预警

铁力市、嘉荫县及伊春森工集团下辖的 17 个林业局公司被国家确定为全国森林火险 1 级单位。有乌伊岭阿廷河、友好鸡爪河等森林火险高危区 18 处。全市现有应急航空救援站 1 处、防火瞭望塔 165 座、检查站 166 处、固定岗 412 处、气象监测站点 41 处、负氧离子监测站点 20 处，其他灾害还没有布设监测点。

伊春市气象监测站点类型有区域自动站、一般站、基本站，所属部门主要为气象、森工部门。调查数据显示，对气象灾害风险主要有湿度、气温、降水量、风速 4 个因子。目前监测站均未实现林业数据的共享与交换。预警设施管理主要由森防部门进行，气象预报产品为高森林火险预警信息，年均森林火险预警信号发布频次为 55 次。在防御措施方面，主要的工程举措为锻造隔离带和加固设施来防御火灾。其他临时防御措施有，扶直风倒木、扑火、人员撤离、修护道路、修护苗棚、转移苗木。

8.5　林业气象服务产品对比分析

伊春市使用的林业气象服务产品主要是森林火险预警和霜冻预报。伊春市林业气象服务产品的主要类型是森林火点气象监测（过程监测）、森林火险预报预警、霜冻预报，其中森林火险预警的需求量比较大。而造林抚育、林业有害生物防治、林业资源开发与利用均未见相关针对性的要求。经调查，电话、手机短信、通信网络及预警系统为伊春市林业气象服务需求产品的主要传播渠道。

森林防火、林业有害生物防治、造林抚育、林业资源开发与利用等领域与气象因子密切相关。林业气象服务需求产品包括主要引起森林火灾高温、干旱长中短期天气预报、引发病虫害天气趋势预估以及影响造林抚育的气温、降雨、大风等气象要素的预报。要求通过电视、手机短信、通信网络及预警系统及时发布预报预警信息。

一直以来，伊春市气象、应急部门保持着较好的合作关系，建立了重大林业气象灾害预警和发布机制，通过多种方式及时提供气象实况和气象服务信息，主要提供 24 小时森林火险等级预报及伊春市森林高火险天气过程预报预警。同时提供建议加强火险预测为主的专业气象服务，内容包括季节性森林火险短期气候预测、月森林火险短期气候预测、旬降水日数与旬森林火险等级预测、5 天滚动火险等级预报及高火险预测。当某一局部区域出现 10 天以上连续高温干旱高火险时，能针对该区域预测其森林火险等级、气温、高火险天气持续时间，不断提升气象服务产品的精细化，满足林业气象服务产品的需求。

8.6　服务建议

（1）加强林业气象观测站点建设，实现林业观测站点、森林资源基础数据、林业病虫害数据、气象观测站点、气象卫星云图等各类观测数据的充分共享。

（2）提高森林火险气象等级预报的时效性和精度，气象部门与林业部门联合做好林业产业、生态气象服务，双方共同开展林业病虫害发生气象要素预报服务，运用卫星遥感技术，联合开展抚育造林、林业资源开发与利用等气象需求服务。

（3）联合加强和规范森林预报预警信息发布，进一步拓展信息发布渠道，使信息发布更快速，更高效，更有指导性。

（4）充分利用林场有专人管理优势，共建林场林业综合生态观测站，增加能见度观测、光照时数观测、雷电监测及负氧离子浓度监测，以满足现代林业向生态旅游方向发展的需要。

9 伊春市未设立气象机构的县（区）气象服务技术

伊春市 2019 年行政区划改制，南岔、大箐山撤区设县，是目前全省仅有的两个未设气象机构的县级政府，新设置乌翠区、友好区、金林区，也同样未设立气象机构（图9.1）。

图 9.1　伊春新行政区划

9.1　未设立气象机构的两县三区自然环境

大箐山县由原来的带岭区和原属铁力市的朗乡镇合并而来。县政府驻地位于原带岭区。大箐山县地处伊春市南部、小兴安岭南麓，西连铁力市、东接南岔县、北邻乌翠区。地势南北长、东西窄，行政区划面积 3705.64 平方千米，有 11 个社区 10 个行政村。境内有伊春森工集团朗乡林业局有限责任公司、带岭林业局有限责任公司。大箐山主峰海拔1203 米，是小兴安岭的第二高峰。绥佳铁路横穿境内，有带岭至佳木斯、带岭至伊春等公线路贯通。2021 年 5 月，根据第七次全国人口普查结果，大箐山县人口数量为 5.77 万人，在伊春市各县区人口数量排行第 7 位。2020 年 6 月，大箐山县列入第二批革命文物保护利用片区分县名单（东北抗日联军片区）。

南岔县位于黑龙江省东北部、小兴安岭东南麓、汤旺河下游。全境由东西走向山脉组成低山丘陵地貌，地势北高南低。行政区总面积 3088.41 平方千米，南北长 83 千米，东西宽 52 千米，林业施业区总面积 299716 公顷，森林覆盖率 89.44%。有大小河流 21 条，野生动植物、矿藏资源比较丰富。绥佳和汤林铁路在此交会并贯通全境，金南、桃南、南浩和浩带等 4 条公路与外地相连，是伊春市的东南门户。

伊春市乌翠区，地处伊春市西部，东与伊美区毗邻，北接友好区，南与铁力市和大箐山县接壤，西与绥棱县和庆安县接界，是大小兴安岭生态功能区的旅游门户。总面积 1225.3 平方千米，区内重点国有林区总面积 27.7 万公顷，其中，有林地面积 25.3 万公顷，境内森林茂密，地肥水美，气候宜人，生态环境优良，自然资源丰富。夏日碧水蓝天是最佳避暑胜地，冬日冰天雪地是赏冰乐雪首选之地。是一座森林食品、木艺加工和生态旅游等多业并举的森林生态之城，素有"林都明珠"之美誉。2021 年 11 月 25 日，乌翠区被中国气象服务协会授予"中国天然氧吧"称号。近年来，乌翠区始终坚持以绿色低碳为目标，深入贯彻"生态立区，旅游强区"发展战略，打造生态循环经济、绿色生态旅游，相继获得"中国木艺之乡""中国研学旅行最佳目的地""国家级森林康养基地""国家文化产业示范基地""全国首批候鸟旅居小城""全国少年儿童生态道德教育实践基地""第二届黑龙江省旅发大会承办先进集体标兵"等多项荣誉。

伊春市金林区，地处伊春市中南部。全区共辖两个镇，总面积 2306 平方千米。下辖西林镇和金山屯镇 2 个分别以钢铁制造业和生态旅游业为主导产业的特色小镇，区政府设在金山屯镇。2021 年，金林区获得中国气象服务协会授予的"中国天然氧吧"荣誉称号。

伊春市友好区，地处小兴安岭中段，位于伊春市政府所在地北部 16 千米处，横跨小兴安岭南北两坡。友好区东西横跨 52 千米，南北纵越 88 千米。东部与五营镇相邻，南部与伊美区、乌翠区接壤，西部与逊克县沾河林业局、绥棱县绥棱林业局为邻，北部与逊克县和五营镇毗邻。区址距伊春市区 15 千米，是伊春市 4 个中心城区之一。友好区总面积为 2347.55 平方千米，全区下辖 11 个社区、1 个镇（上甘岭镇）、3 个农业行政村。友好区行政区划面积 2999.5 平方千米，施业区总面积 325728 公顷，拥有 60687 公顷国家级自然保护区，2018 年被国家林草局指定为中国国际重要湿地，这也是迄今为止全市唯一的一处国际重要湿地。有野生蓝莓湿地 7300 公顷，原始红松母树林 1500 公顷，野生植物 1390 多种，野生药材 490 多种，是山野果、山野菜和北药资源的富集区和丰产区。境内有老泉眼、乳影岛、飞碟射击训练场等景点。

据伊春市第一次全国自然灾害综合风险普查历史灾害信息汇编（1949—2020）记载，两县三区内洪涝、大风、冰雹、低温冷害、霜冻、雪灾、雷灾等气象灾害，山洪、泥石流等自然和地质灾害频发，对人民生命财产安全造成了严重影响和威胁。伊春市属于经济欠发达偏远山区，气象监测站网稀疏，监测设施和维护不到位，监测要素单一，重点区域存在盲区、空白，因此精细化预报难度大，不能满足中小尺度监测预警需求，在监测预报灾害天气方面存在严重不足，气象防灾减灾和气象服务面临严峻挑战。

伊春市气象局通过政府购买形式，对未设立气象机构的两县和三区（友好区、乌翠区、金林区）开展靶向气象服务，有针对性地对两县三区制作发布气象预报预警，开展专业气象服务，通过两年的实践和检验，形成稳定的服务模式和精细化的预报服务产品，为综合防灾减灾救灾提供了有力的支撑。

9.2 签订战略合作框架协议

为贯彻《伊春市人民政府关于推进气象事业高质量发展助力"生态立市，旅游强市"建设的实施意见》（伊政发〔2021〕6号）文件精神，加强未设气象机构的县区气象防灾减灾建设，解决市政府民生实事和重大风险点，推进落实2022年6月25日市委领导和黑龙江省气象局领导会谈时提出的"关于加强未设立气象局县区气象服务"的谈话精神和指示要求，促进气象保障"生态立县、农林强县、产业兴县、改革活县、文旅靓县、北药富县"战略发展，伊春市气象局与两县三区人民政府充分协商，达成了协议。

9.2.1 合作目标

坚持人民至上、生命至上。南岔县地处山区，气候复杂多变，气象灾害多发、频发，由于没有气象机构，气象灾害预报预警难度大，极易使人民生命和财产受到严重损失，通过气象部门与县政府建立合作机制，加强共建共享，尽最大努力将气象灾害造成的损失降至最低。

坚持共同发展、重点支持。双方努力建立纵向到底、横向到边的气象灾害防御组织体系，构建气象综合减灾、统筹防御的工作体系，引导社会力量有序参与，共同减轻气象灾害风险。

坚持长期、稳定合作。双方的合作着眼于履行政府在气象灾害防御、应对气候变化中的组织调度和指挥协调职能。双方致力于长期、稳定的合作。

9.2.2 合作内容

双方共同加强气象防灾减灾基础设施建设。将现有的4要素自动气象站升级改造为6要素自动站，新建6要素自动站，新增降水称重仪。

双方共同推进重大气象灾害预报预警能力建设。通过政府购买服务、共同投资、加密建设等形式，加强气象防灾减灾和服务能力建设，最大限度地减轻损失。伊春市气象局成立了县区专项气象服务中心，通过与黑龙江省气象服务中心、黑龙江省生态气象中心以及相关科技公司签署合作协议、聘请技术人员、联合开展服务、数据信息合作等形式为两县三区领导、防灾减灾、公众、重大活动开展系列服务。研发气象防灾减灾和气象服务智慧平台，分别组建"南岔县领导决策服务群""南岔气象防灾减灾工作""南岔气象信息员队伍群"，提高南岔县气象预报预警的针对性、准确性，充分发挥气象防灾减灾第一道防线作用，为南岔县提升综合防灾减灾救灾能力提供有力的支撑。

双方充分利用"中国天然氧吧品牌"金字招牌，助力生态文明建设和县、区域发展，为生态文明建设和旅游发展提供平台和支持，打造"系列天然氧吧好产品"和天然氧吧活动，加大氧吧宣传力度，组织开展特色气候小镇建设，以氧吧产业促进发展。

9.2.3　合作机制

认真贯彻落实习近平总书记关于防灾减灾救灾的重要指示精神，通过政府购买服务的形式，建立气象服务联动共建机制，加强气象服务能力建设，加大监测密度，实现点对点、针对性的服务。建立联席会议制度，补齐气象防灾减灾短板，牢牢掌握防灾减灾救灾工作主动权，坚决守牢安全底线，为两县三区发展提供坚强气象服务保障。

9.3　未设立气象机构县（区）气象服务计划

提高自然灾害防治能力、做好防灾减灾救灾工作是防范化解重大风险的重要任务。在全球变暖的背景下，气象灾害的种类多、影响范围广、发生频率高，造成的损失更大，对人民生命财产安全产生了严重影响和威胁，已经成为防灾减灾工作的重点。

做好未设立气象机构县区气象防灾减灾服务体系建设，加强气象防灾减灾基础设施建设，通过靶向气象服务，推进县区气象灾害风险普查成果应用，提高县区气象预报预警的针对性、准确性，充分发挥气象防灾减灾第一道防线作用，为综合防灾减灾救灾提供更有力的支撑，是增强未设立气象机构县区抗灾减灾能力的一项重要举措，事关人民生命财产安全，也关乎经济社会发展大局，任务艰巨、责任重大。

9.3.1　采用政府购买服务方式

伊春市经济薄弱，成立县级气象局费用太高，会给地方经济带来更大压力，加之中国气象局不再批复成立新的县级气象机构。经过综合考虑，采用政府购买服务方式，符合伊春市林区实际情况，是提高全市气象服务效果的最佳方式。由县政府购买气象服务，市气象局担负起本县的气象服务职能，既能达到点对点高质量气象服务效果，又能为政府节约资金。

9.3.2　政府购买服务目的

通过政府购买服务的形式，建立气象服务联动共建机制，加强气象服务能力建设，加大监测密度，实现点对点、针对性的服务，尽快补齐全市气象防灾减灾短板，牢牢掌握防灾减灾救灾工作主动权，坚决守牢安全底线，为建设美好伊春，提供全域气象服务保障。

9.3.3　政府购买服务政策依据

2021年7月26日，伊春市政府下发了《关于推进气象事业高质量发展助力"生态立市，旅游强市"建设的实施意见》（伊政发〔2021〕6号），文件明确提出："加强对未设立气象机构的县区气象监测预警能力建设，通过政府购买服务等多种形式开展服务保障。"此项工作已经纳入了伊春市政府民生实事。

9.4 未设立气象机构县（区）气象服务内容

服务内容包括决策气象服务、公众气象服务、气象防灾减灾服务、重大活动气象服务、生态旅游气象服务、人工影响天气气象服务、林下经济等专业气象服务，气象监测、预警设备正常运行保障。

9.4.1 气象服务产品

气象防灾减灾服务：转折性、关键性天气发布《气象信息》；重大灾害性天气发布《重大气象信息专报》及提前发布短时临近预报和灾害性天气预警信息（大风、寒潮、暴雨、暴雪、雷雨大风、雷电、冰雹、道路结冰、大雾、高温、霜冻、霾、沙尘暴、龙卷）。

中长期预报产品：年度气候趋势预测、年景分析、春耕春播气象服务专报、春防期森林火险趋势预测、汛期气候趋势预报、旬月天气预报等气候趋势滚动预测和月季年度气候评价。

专项预报服务产品：春秋季防火气象服务专报、高火险天气预报、农业气象旬月报、土壤水分监测公报、未来 1 周天气预报、汛期专项气象服务专报、春运专项气象服务专报、节假日气象信息专报、高考中考期间天气预报、人工影响天气作业专项预报、秋收气象服务专项专报、阶段性低温天气预报等。

公众气象服务：穿衣指数、晨练指数、洗车指数、紫外线指数、空气污染指数、舒适度指数预报。

卫星遥感服务：卫星遥感森林草原热点监测报告、雷电监测报告、卫星遥感冰雪监测报告、气象卫星火情监测报告、卫星遥感水体监测报告等。

生态旅游气象服务：旅游景区专项预报、气象景观预报，气候康养氧吧旅游宣传推介。

9.4.2 气象观测设备检测维修

每站各需要 1 名降水称重仪日常管理维护人员，人员可由县区政府协调安排。

9.5 2023 年主要天气过程预报服务检验评估

9.5.1 2023 年 3 月 7 日南岔县大雪天气过程服务评估

2023 年 3 月 7 日，南岔县经历入春以来首场大雪天气，3 月 7 日 08 时至 8 日 08 时降雪量，南岔县带岭站 7.0 毫米、南岔站 4.4 毫米。此次降雪天气持续时间短但降雪强度大，降雪期间和结束后路面结冰严重，给公众出行和交通运输等带来不利影响。

9.5.1.1 天气特点及影响

受高空低槽和地面低压共同影响，3 月 7 日高空槽加深，同时地面低压合并加强并向东移动，降雪持续时间短，降雪强度大，主要降雪时段集中在 7 日 14—24 时。随着高空槽东移，西伯利亚冷空气南下并影响南岔县，6—8 日南岔县 48 小时最低气温下降 8℃以上。

9.5.1.2 预报与服务评估

3 月 6 日，伊春市气象台发布了《南岔县降雪、大风预报》的气象信息，预计 7 日白天至夜间南岔县有一次降雪、大风天气过程，主要降雪时段集中在 7 日 14 时至 8 日 02 时，过程累计降雪量 2.0～5.0 毫米。降雪同时，伴有 4～6 级风，阵风可达 7～8 级，部分时段有风吹雪现象，能见度低，气温略有波动。3 月 4—5 日连续发布 2 期南岔县大风蓝色预警信号，3 月 6 日 11 时发布南岔县寒潮蓝色预警信号，3 月 7 日发布南岔县道路结冰黄色预警信号，3 月 7 日发布南岔县暴雪蓝色预警信号。

对比实况发现，对带岭站降雪量量级预报偏小，南岔站降雪量级预报准确，风力等级预报偏大。南岔县最低气温下降超过 8℃，符合预警信号评定标准。暴雪蓝色预警信号于 17 时发布，实况显示，7 日 17 时至 8 日 05 时南岔县带岭站降雪量 7.0 毫米、南岔站降雪量 4.0 毫米以上，预警信号发布正确。降雪期间和降雪过后由于降雪及冻融交替影响，大部分路面出现积雪和道路结冰，对交通造成较为严重的影响。

9.5.2 2023 年 4 月 19—21 日大风、降温天气服务评估

2023 年 4 月 19—21 日，南岔县、大箐山县经历一次大风、降温天气。此次天气过程风力极大，极大风力普遍在 7 级以上，伴随的降水相态复杂，由雨转雨夹雪转雪，以雨夹雪为主，最高气温下降 3～6℃。对公众出行和森林防火造成一定影响。

9.5.2.1 天气概况

受高空低涡和地面低压的共同影响，4 月 19—21 日，南岔县、大箐山县经历了一次罕见的系统性大风天气过程，极大风力达 9 级。大风时段主要集中在 20 日白天。据气象资料统计显示，20 日 08—20 时，大箐山带岭站 9 级，南岔站 9 级。此次天气过程产生的降水量级不大，为小雨（雪），其中大箐山县带岭站 0.3 毫米，南岔站 0.1 毫米。

9.5.2.2 预报服务情况

4 月 18 日 16 时发布南岔县、大箐山县气象信息《4 月 19—21 日大风、雨雪、降温预报》，提示："受高空低涡和地面低压共同影响，19—21 日风力较大，平均风力 4～6 级，阵风 7 级，其中，20 日平均风力 5～6 级，阵风 7～8 级，南岔和大箐山县可达 9 级。20 日最高气温明显下降，降温幅度 4～8℃，最高气温 8℃左右。"伊春市气象台在 4 月 18—19 日连续发布了 2 期大风蓝色预警信号，至 4 月 20 日 10 时升级发布了大风黄色预警信号。虽然 4 月 21 日影响系统逐渐移出伊春市，但风力仍然较大，4 月 21—23 日连续发布 3 期大风蓝色预警信号。正值森林防火关键期，由于此次天气过程主要降水时段在 20 日且降水量级为小雨（雪），4 月 19—23 日伊春市气象局和市森林防灭火指挥部办公室联合发布了森林火险黄色预警信号 4 期。

9.5.2.3 天气特点及影响

天气特点：中心气压低，气压梯度大，地面风速极大。此次大风天气过程地面低压中心强度达到 987.5 百帕，过程极大风速伊春市中南部大于北部，其中极大风速最大值出

现在南岔站，为 23.1 米 / 秒（9 级）。

冷空气影响时间长，最高气温下降明显。全市最高气温 4 月 19 日普遍在 10 ~ 14℃，4 月 20 日降至 4 ~ 8℃，普降 3 ~ 6℃，其中五营站降幅最大，为 7.5℃。

暖湿空气不足，降水量级小。此次过程主要受东北冷涡影响，中低层多以偏西气流为主，暖湿空气不足，导致降水量级小，且中北部降水量大于南部，其中乌伊岭站过程累计降水量最大，为 8.4 毫米。

主要影响：风力极大，持续时间长，部分地区受风灾影响。此次大风天气过程在 4 月 19 日开始，且风力持续加大，4 月 20 日白天南岔县、大箐山县出现 9 级大风。从相关部门了解到，大箐山县带岭镇宾北社区猪舍、永兴村村民房屋、朗乡镇小白村木耳大棚和大青川林场葡萄大棚受灾。

9.5.2.4 预报检验与服务评估

19—21 日大风、雨雪、降温预报，经对比实况发现，对风力级别和极大风力落区预报准确，最高气温降温幅度预报准确，对大箐山县降水量级预报偏大。大风黄色预警信号、大风蓝色预警信号发布及时准确且效果明显。道路结冰黄色预警信号效果略差。各项预报均提前发布，内容准确，叫应及时，流程闭环，效果很好，受到各界好评。

9.5.3 2023 年 8 月 2—5 日较大降水过程服务评估

2023 年 8 月 2—5 日受高空冷涡和地面低压共同影响，截至 5 日 17 时降水量，南岔站 127.2 毫米，翠岭站 125.3 毫米，最大降水量是乌翠区青山林场（水文）站 159.4 毫米。此次过程持续时间长，其中，2 日降水以对流性降水，多短时强降水，雨量分布不均；3—5 日以稳定性降水为主，降水时间长、累计雨量大（表 9.1）。

表 9.1 伊春市 8 月 2 日 08 时至 5 日 17 时降水量排名前 10 站

排名	地点	站名	台站类别	降水量 / 毫米
1	乌翠区	青山林场（水文）	水文站	159.4
2	友好区	绿源（水文）	水文站	148.5
3	南岔县	奋斗林场（水文）	水文站	140.0
4	友好区	广川林场（水文）	水文站	137.2
5	乌翠区	翠峦河（水文）	水文站	134.5
6	乌翠区	翠峦河经营所	水文站	131.5
7	南岔县	南岔	气象站	127.2
8	乌翠区	翠岭	气象站	125.3
9	友好区	三合林场（水文）	水文站	124.8
10	友好区	永青（水文）	水文站	121.5

9.5.3.1 天气特点及影响

此次降水过程为西风带短波槽和减弱台风"杜苏芮"共同影响，副热带高压呈纬向型，588 位势什米线稳定维持在北纬 40°，大降水落区在黑龙江省南部持续多日，造成哈尔滨、牡丹江洪涝灾害，伊春市南岔县、乌翠区不同程度遭受灾害。此次降水初期受西风带短波槽影响，以对流性降水为主，回波移动缓慢，局地雨量大。3 日以后，由于减弱台风的加持影响，降水性质成为稳定性降水，面雨量大，降水范围广，达到暴雨的站点增多，但大降水落区仍然在伊春市中南部，造成中南部部分乡镇的洪涝灾害。降水持续长，累计雨量大，部分乡镇遭受洪涝灾害。因连续降水土壤饱和，截至 4 日 15 时，南岔县南岔镇最大降水量 74.7 毫米，农作物受灾。

9.5.3.2 预报检验与服务评估

针对大箐山县、南岔县、友好区、金林区、乌翠区第一时间进行相关服务，共计发布气象信息 18 期、雷雨大风黄色预警信号 6 期、暴雨蓝色预警信号 8 期、暴雨黄色预警信号 1 期、暴雨橙色预警信号 5 期。伊春市水务局在接收到暴雨橙色预警后，根据雨情和水位信息，于 4 日 10 时下达水库调度命令，调整了乌翠区西山水库出库流量和电站输水洞泄量，并要求按调度命令做好各项防御工作。大箐山县县长在微信工作群里要求"各单位各部门要高度重视预报预警信息"，并强调"保证预报、预警、气象信息及时传达到位，不能只在干部层面转"。

2 日 08 时到 5 日 08 时，最大累计降水量 125.7 毫米，出现在南岔站。较大的降水落区在南岔县、乌翠区，出现降水量超过 100 毫米的站点，大箐山县、友好区、金林区出现 50～100 毫米降水。EC 数值预报产品 1 日 20 时初始场对此次最大降水量预报偏少 40 毫米左右，且落区更偏南，中部乌翠区的大降水没有预报出来，2 日 20 时初始场的降水落区对中部、南部大降水均有预报。因此，基于 1 日初始场发布的气象信息预报结论没有考虑乌翠区的大降水，3 日递进发布的气象信息对大降水落区做了更新预报，实况表明，跟进发布的气象信息与实况基本吻合。本次降水过程最大的小时雨强 40.5 毫米，8 月 2 日 13—14 时出现在乌翠区翠岭站。预报的小时雨强 30～50 毫米，预报正确。其中 8 月 2 日 12 时 30 分发布的暴雨黄色预警信号翠岭站 55.2 毫米，达到标准，预报正确。水文站点友好区、南岔县有站点超过 50 毫米，预报正确，金林区空报。2 日 14 时 50 分升级发布的暴雨橙色预警信号，乌翠区、友好区水文站达到标准，南岔县、大箐山县、金林区空报。3 日 20 时 30 分发布的暴雨蓝色预警信号，南岔县、友好区预报正确。4 日 04 时 00 分继续发布的暴雨蓝色预警信号，大箐山县、乌翠区、友好区预报正确，金林区、南岔县空报。4 日 10 时 00 分升级发布的暴雨橙色预警信号，全部空报。

9.5.4 2023 年 7 月 14—17 日南岔县较大降水过程预报服务评估

2023 年 7 月 14—17 日，南岔县经历一次较大降水天气过程，主要降水时段集中在 14 日夜间至 15 日夜间。南岔县香兰河水库（Ⅱ）降水量 101.5 毫米。此次天气过程累计降水量较大，对南岔县防汛工作造成一定影响（表 9.2）。

表 9.2   2023 年 7 月 14 日 15 时至 17 日 08 时降水量前 10 站

排名	地点	站名	台站类别	雨量 / 毫米
1	南岔县	香兰河水库（Ⅱ）	水文站	101.5
2	南岔县	九千米（浩）（水文）	水文站	96.5
3	南岔县	浩良河所	水文站	96.0
4	南岔县	小吉星村	水文站	80.5
5	南岔县	奋斗村	水文站	79.5
6	南岔县	北阳村	水文站	79.0
7	南岔县	大吉星村	水文站	77.5
8	南岔县	大吉星村（水文）	水文站	73.6
9	南岔县	白石厂	水文站	71.5
10	南岔县	宝泉村	水文站	68.0

9.5.4.1　天气特点及影响

此次降水天气过程是高空低槽加强成涡配合温度场冷中心，形成东北冷涡，同时受副热带高压阻挡，稳定少动，持续影响伊春市。500 百帕中心强度达到 564 位势什米，低涡移动缓慢，对南岔县造成的降水主要集中在 14—16 日。降水空间分布不均，局地雨量较大。此次过程受东北冷涡影响，中低层多以偏东气流为主，伊春市偏东的区域（南岔县、丰林县、嘉荫县）过程累计降水量较大。最高气温下降明显。14 日全市最高气温在24 ~ 27℃，到 16 日降至 15 ~ 21℃，普降 6 ~ 9℃。

9.5.4.2　预报服务及检验

7 月 12 日早发布了南岔县气象服务信息，13 日 10 时发布了重大气象信息专报《7 月14—17 日南岔县有大雨，局地暴雨，次生灾害风险较高》，预计 7 月 14—17 日，南岔县有大雨，个别乡镇有暴雨，累计雨量大，持续时间长。过程累计降水量 50 ~ 70 毫米，个别乡镇可达 70 ~ 100 毫米，最大小时雨强 30 ~ 50 毫米。降水同时伴有短时强降水、雷雨大风等强对流天气，极易诱发山洪、地质灾害、中小河流洪水、城市内涝、农田渍涝等次生灾害，需重点防范。

发布 1 期暴雨蓝色预警信号，预计 14 日 20 时至 15 日 08 时南岔县部分乡镇降水量将达 50 毫米以上，最大小时雨强 20 ~ 30 毫米。预报时段内，南岔县浩良河所（水文站）、九千米（水文站）12 小时降水量 51 毫米，达到预警信号标准，预报正确。小时雨强最大20.5 毫米（水文），达到预警信号描述雨量。

10 伊春市"中国天然氧吧城市"创建气象服务技术

天然氧吧是指大气负（氧）离子水平较高、空气质量较好、气候较舒适、配套设施较完善，适宜生态、康养、休闲、度假、旅游的地区。"中国天然氧吧"是中国气象局国家气候标志首批品牌之一，旨在通过评价旅游气候及生态环境质量，挖掘高质量的气候旅游资源，保护和利用高质量的旅游憩息资源，倡导绿色、生态的生活理念，发展生态旅游、健康旅游，对推进生态产品价值实现、赋能地方经济转型发展具有重要意义。中国气象局自 2016 年启动"中国天然氧吧"品牌评定以来，全国共有 313 个地区获得此称号，覆盖 29 个省（市、区）。民众的健康理念得到明显提升，生态康养型旅游需求显著增长，"氧吧游"逐渐成为新型旅游热潮，"中国天然氧吧"的品牌价值和影响力日益凸显。

10.1 伊春市"中国天然氧吧"创建背景

伊春市是国务院批复确定的中国北方重要的生态旅游城市。森林覆盖率高达 83.8%，全域负氧离子 4000～6000 个/厘米³，夏季最高峰值可达 8000～10000 个/厘米³，是全国森林覆盖率和负氧离子含量最高的地级城市之一。全年优良天数 99%，空气质量排名全国地级城市首位，夏季平均气温接近 22℃，是名副其实的"天然氧吧"和北纬 47°上"最迷人的夏天"。优质的气候生态资源是"中国天然氧吧"地区最大的优势。"绿色是伊春的底色，森林是伊春的底盘，氧吧是伊春的底蕴"。近年来，伊春市深入贯彻落实习近平生态文明思想，坚持"生态立市，旅游强市"发展定位，着力打造"绿水青山就是金山银山，冰天雪地也是金山银山"实践地和中国生态康养旅游目的地，促进"旅游+"多业态融合发展，优先聚焦森林康养旅游，不断丰富产品、业态、服务供给，在全国范围内率先提出"森态旅居型城市"概念，力求为广大游客提供更高端、更优质的"森林深呼吸"之旅。

2020 年起，伊春市气象局深入贯彻习近平总书记对气象工作的重要指示精神与在伊春考察时提出的"让老林区焕发青春活力"的重要讲话精神密切结合，认真落实黑龙江省气象局关于加快生态旅游气象发展和伊春市委市政府"生态立市，旅游强市"战略定位，发挥气象趋利优势，盘活气象资源，牵头创建全国第一批、东北第一个"中国天然氧吧城市"，努力打造成全省天然氧吧创建的标杆、生态气象服务的试点、保障地方经济社会发展的示范。努力开发天气气候资源，不断挖掘生态红利，助力地方走上生态优先、绿色发展之路。

10.2　伊春市"中国天然氧吧"创建历程

自创建工作开展以来，伊春市气象局作为牵头单位，坚持"四导一域"创建策略，坚持党委领导、政府主导、气象督导、强化引导，努力实现创建"中国天然氧吧"全域化，多方联动，多点发力，多措并举，持续推进伊春市"中国天然氧吧城市"创建工作。完成了生态环境气象监测系统布局和建设，在全市的市区和景区建设负（氧）离子监测站点20个，形成了覆盖全市的自动监测网络。

伊春市政府与中国气象服务协会、黑龙江省气象局联合签署全国首个天然氧吧全域化三方合作框架协议，共同打造中国天然氧吧城市品牌，推进伊春生态旅游发展。依托伊春市五营国家气候观象台，建设"伊春天然氧吧研究基地"，以氧吧为载体，全面带动气象科研项目发展，全力以赴擦亮氧吧"金字招牌"，坚持气象"趋利"作用，将开展"中国天然氧吧城市"品牌建设纳入《伊春市贯彻气象高质量发展纲要》。伊春市气象局与汤旺县人民政府签署联合打造"中国天然氧吧"合作框架协议，共同打造"5A景区＋氧吧"生态旅游平台，以氧吧创建拉动县区经济发展。伊春市政府率先响应中国气象服务协会提出的"守护天然氧吧，做双碳先行者"的倡议并签署倡议书，积极探索天然氧吧资源转化，为伊春"生态立市旅游强市"发展提供政策支撑和发展谋划。

2021年，在中国气象服务协会和黑龙江省气象局的大力支持下，伊春市的10个县（区、市）全部通过认定，成为我国北方第一个"中国天然氧吧"、全国仅有的5个全域化地级城市之一。2022年7月31日被中国气象服务协会授予全国3个"天然氧吧城市典型示范"案例之一。2023年12月被中国气象服务协会授予"黑龙江省伊春市特色气象旅游城市"和"中国天然氧吧旅游典型案例"称号。如今"中国天然氧吧城市"和"中国康养旅游城市"已成为伊春市旅游事业发展的两张亮丽名片，伊春市在天然氧吧品牌带动绿色生态发展方面，在全国具有推广意义。

10.3　伊春市"中国天然氧吧"成功创建后的主要举措

伊春市成功创建"中国天然氧吧"后，伊春市气象局深入贯彻习近平总书记到黑龙江考察时的重要讲话和指示精神，认真落实中国气象局、黑龙江省气象局关于加快生态旅游气象发展的部署和市委市政府"生态立市，旅游强市"的发展定位，积极践行"两山"理论，探索"中国天然氧吧"助力伊春生态价值转化，持续擦亮"中国天然氧吧"金字招牌，巩固来之不易创建成果，采取了一系列的举措，取得了显著成效。

10.3.1　围绕气候品牌实现经济价值转换

2022年9月，伊春市气象局与汤旺县政府签署联合打造"中国天然氧吧"推进生态旅游和防灾减灾合作框架协议，并首次提出了"5A＋氧吧"创新理念。2023年3月，伊春市气象局与伊春市森林蜜协会就联合打造"中国天然氧吧好产品"——洞藏雪蜜签署框架合作协议，并首次提出了"氧吧蜂蜜"新理念。2023 年 7 月，伊春市气象局邀请行业专家深入伊春市，围绕气候品牌经济价值转换、气候品牌规划应用、天然氧吧品牌打造、康养生态旅游气象服务等方面调研指导，并开展了深入交流。2023 年 7 月，伊春市政府受邀参加伊春市气象局"中国天然氧吧助力生态价值转化——践行'两山'理论实践案例研究"课题开题座谈会，伊春森工总经理杨公伟作了《擦亮"中国天然氧吧城市"金字招牌　助力"林都伊春·森林里的家"生态价值转化》典型交流发言。伊春市气象局深入伊春市森工鼎红贸易有限责任公司调研，双方就伊春"中国天然氧吧"品牌建设、国字号农产品气候品质认证以及如何把氧吧元素与森工"九珍十八品"品牌相融合，让氧吧赋能伊春森工好产品，助力地方生态价值转化等方面开展深入交流。

10.3.2　高效推介伊春市天然氧吧文化和好产品

2022 年 9 月，伊春市组织 10 县区携带"伊春天然氧吧好产品"亮相 2022 年中国—东盟博览会暨第四届中国天然氧吧旅游节。2023 年 5 月，由市领导带队参加 2022—2023 年会气候康养旅游产业发展大会，开展气候康养氧吧旅游宣传推介并作了《林都伊春·森林里的家》经验交流报告。2023 年 6 月，市领导带队出席国际文化、旅游与非物质文化遗产展览暨第五届中国天然氧吧文化旅游节并作推介发布，专门同香港贸促会、企业家代表进行了座谈交流，氧吧名片走进香港。2023 年 7 月，伊春市组织 10 个县（市）区 30 余名领导和企业家，携带 30 余种伊春氧吧好产品"登场亮相"并参加县长说县环节，讲述林都伊春氧吧故事。

10.3.3　创新宣传载体，不断提升氧吧品牌影响力

伊春市气象局积极与华风集团开展合作，从 2023 年 1 月 2 日起，在央视朝闻天下 07:55 分黄金时段播出伊春城市天气预报，将天气预报融入"智慧氧吧"建设中，进一步丰富了伊春氧吧品牌与文化，全方位多角度地提升伊春城市品牌价值和影响力。2023 年 3 月，伊春市气象局与团市委共商以"中国天然氧吧城市"品牌助力伊春市现代化实践，就如何运用伊春市网红电商平台宣传"中国天然氧吧城市"金字招牌，赋能伊春市本地林农产品服务开展交流和座谈。

建设氧吧主题网红打卡地，为伊春旅游聚人气。2023 年在伊春市南山公园新一代天气雷达场地、青年志愿者广场和红松体育馆广场完成 3 处"中国天然氧吧城市"标志建设，利用多个公共大屏幕滚动播放伊春天然氧吧视频，设置"中国天然氧吧城市"广告宣传语。冬季在市气象局门前广场建设冰雕作品伊春"中国天然氧吧城市"吉祥物"氧氧"，使各处标志成为伊春旅游的网红打卡地。

创作歌曲《梦里氧吧》，让气象融入艺术。2023 年由伊春市著名作曲家金东哲创作，市文工团著名独唱演员张佳演唱，市气象局融媒体中心制作的歌曲《梦里氧吧》MV 正式播出，伊春市气象局以歌为媒，利用歌曲书写伊春，借助歌曲宣传推介中国天然氧吧城市伊春，这是全国范围内第一首以氧吧为主题的歌曲，也是伊春市气象局持续擦亮"中国天然氧吧"金字招牌的首创举措。

10.4 伊春市"中国天然氧吧"创建以来取得的成效

10.4.1 城市影响力持续提升

从 2019 年铁力市成功获得"中国天然氧吧"称号到 2022 年伊春市被授予"中国天然氧吧城市",从"创新、协调、绿色、开放、共享五大发展理念"到获评"天然氧吧城市典型示范"称号,从"绿水青山,冰天雪地"到"国家重点生态功能区作用更加突出,国家重要生态屏障功能更加巩固,伊春森林资源在全国生态资源大局中的战略地位更加凸显"成绩斐然。伊春市借助媒体推介会、展览会、赛事举办、政府发布会等契机和媒介,大力宣传推荐伊春市的好风景、好产品和好举措。联合途远集团与铁力市政府共同打造的氧吧民宿以及大箐山雪凇、桃山冰雪玉温泉、汤旺河林海奇石景区、五营国家森林公园、嘉荫恐龙国家地质公园等极具代表性的气候景观更是引起了公众和媒体的广泛关注,让"中国天然氧吧城市"真正成为继"中国林都""红松故乡""恐龙家园"之后另一个极具影响力的标签。

10.4.2 旅游产业振翅欲飞

近年来伊春市围绕吃、住、行、游、购、娱,布局了一批林居民宿、汽车营地、研学基地等新产品新业态,产业体系更加完整健全,"林都伊春·森林的家"品牌影响力正在逐步提升,旅游产业发展水平位居全省第一方阵。2017—2022 年伊春市累计接待游客 6500 多万人次,其中,在疫情防控形势极其严峻的情况下,2021 年 1—10 月全市共接待游客 818.49 万人次,同比增长 0.56%;旅游收入 57.17 亿元,同比增长 14.63%。2022 年,伊春市接待游客 1012.4 万人次,实现旅游收入 69.6 亿元,分别同比增长 5.5%、10.8%。近年来,文旅部门在九峰山养心谷开发了彩虹旱滑、高空滑漂等体验性好、互动性强的新项目,使其成为黑龙江省内重要旅游地,夏季旅游旺季日均接待游客超过 5000 人次。

2022 年全市新签约现代农业技术示范园区、九峰山宜养小镇、筏喻自然农法生态村等文旅康养项目 6 个,总签约额 9.3 亿元。2023 年 8 月,伊春市在溪水国家森林公园建立了黑龙江省首个公园式婚姻登记处,绿草如茵、鸟语花香,浪漫与美景尽收眼底。伊春市民政局相关负责人介绍,这里打造了融合森林公园景观、时尚创意与林区特色的婚姻登记场所,开辟了文旅经济新业态。

2023 年以来伊春创下 3 个历史最高:国庆长假游客人数历史最高,93.5 万人次;伊春林都机场旅客吞吐量刷新高,162137 人次;春节冰雪旅游人数超过 19.6 万人次。这与"中国天然氧吧城市"和"中国特色气象旅游城市"两张名片密不可分。2024 年春节冰雪旅游,伊春市再次火爆出圈,这是继 2023 年十一国庆中秋长假五花山色旅游火爆异常之后再次出圈,突破了历史纪录。

伊春称得上省城哈尔滨之后第二个旅游火爆出圈的城市。据统计,2024 年春节期间,伊春市共接待旅游人数 19.6 万人次,开放景区 16 家。滑雪场 3 家,日均接待人数超过 3

万人次，同比增长573.7%，实现了伊春市冰雪旅游人数上的最高峰。春节假期到3月1日，伊春市接待游客和旅游收入分别同比增长了33.9%和425%，均创历史新高。

10.4.3　旅游配套体系提质优化

伊春市交通服务体系正在发生深刻和迅速的变化。林都机场已开通北京、上海、广州等多条航线，从2023年7月18日起，"林都号"旅游列车正式开通。哈尔滨至伊春的高铁2024年将建成通车，届时伊春将融入哈尔滨"一个半小时生活圈"和全国高铁旅游网。高速公路、国道省道四通八达，旅游公路串点成线，"快进慢游"的立体交通网络正在形成。

10.4.4　旅游产品丰富多元

伊春市依托得天独厚的自然生态资源优势，最大化发挥生态、森林和气候三大核心优势，聚焦健康和疗愈两大核心价值，融合景区、民宿、汽车营地、研学基地等多种业态，以"康养旅游"为主题概念，开发特色鲜明的康养旅游产品，创造亲山近水的自然旅居体验，帮助修复城市人群的生活压力和焦虑感。目前，伊春已经形成以康养旅游产品为核心，多种旅游产品为补充的产品体系。

10.5　"中国天然氧吧"生态价值转化的做法与经验

10.5.1　综合效益

10.5.1.1　聚焦产业优势，蓄满绿色发展力量

伊春市政府本着巩固"中国天然氧吧城市"创建成果，叫响"中国天然氧吧"品牌，赋能伊春市生态经济发展的初衷，多次组织各县区选拔优秀企业和特色好产品参加中国天然氧吧旅游节，伊春氧吧好产品价值逐渐显化。2020年11月27日，伊春市10个县区的10余家企业携食品、药品、工艺品等5大类100多种商品赴南宁参加第二届"中国天然氧吧"文化旅游节展览活动，效果十分明显，经济和社会效益双丰收。

2021年4月14—20日，参加三门峡中国首列"天然氧吧"专列号活动，蓝莓、松子、榛子等具有伊春特色的林下产品受到广泛欢迎。2022年9月19—22日，伊春市大箐山的桦树汁椴树蜜、永达工艺的北沉香、忠芝集团的系列野生蓝莓果酒、南岔县林宝药业的药酒、汤旺县的蓝莓果干和嘉荫县的龙江香米等氧吧好产品亮相2022年中国—东盟博览会暨第四届中国天然氧吧旅游节，再次吸引了众多参展商和市民驻足欣赏、洽谈交流。

10.5.1.2　聚焦生态治理，孕育绿色发展前景

近年来，伊春市始终把绿色作为本色，把生态作为"根"和"魂"，确立了"绿色立市、旅游强市"的发展定位，在全面加强生态建设上，坚持系统保护，源头治理，整体修复，打出了一套有力的组合拳。通过市人大立法，将每年的5月23日设为"伊春生态日"，坚持做好"治山理水""显山露水""跋山涉水"的生态文章，助力打造践行习近平生态文明思想的"伊春样板"，探索推动全省双碳工作的"伊春实践"。

2022 年黑龙江省首例森林碳汇签约仪式在伊春举行，伊春森工集团公司与中国移动通信集团黑龙江有限公司、伊春鹿鸣矿业公司签订了森林碳汇交易协议，交易金额为 500 万元，标志着黑龙江省在推进生态价值转换上迈出新步伐。伊春市为实现"双碳"目标做出贡献，提供了有益探索和借鉴。伊春市森工集团与东北林业大学签订了"双碳"合作框架协议，出台了《伊春市"十四五"节能减排综合工作实施方案》，持续深入推进伊春市节能减排工作，使伊春市驶入"双碳"+ 数字经济新赛道。

10.5.2 主要做法

10.5.2.1 发挥气象优势，形成"气象 +"创建新机制

伊春市委市政府高度重视天然氧吧创建工作，把创建工作作为推进生态文明建设、乡村振兴、全域旅游发展的重要抓手，建立高位推动的领导机制，制定创建方案，细化部门分工，督促抓实创建工作。成立了由市长任组长的伊春市创建"中国天然氧吧城市"领导小组，办公室设在伊春市气象局。形成以市气象局为牵头单位、市直相关单位协助、各县（市）区政府积极响应参与，国家、省级气象部门加强指导、中国气象服务协会大力支持，上下一体、共享共建的联动机制。在创建过程中，氧吧办公室积极帮助指导各县（市）区政府创建工作，及时将工作进展情况向市委、市政府反馈，共呈报相关文件 16 份、专题汇报 26 次，各县（市）区高度重视宣传工作，制作氧吧宣传片 13 部，发布信息 39 条，邀请黑龙江省气象服务中心专家到创建县（区）开展实地调研指导 10 次，氧吧创建小组赴县区开展调研指导 36 次。

10.5.2.2 盘活气象资源，催生"氧资源"转化为"热经济"新思路

助力地方走出一条既"美丽"又"富裕"的发展新路。一是市委市政府派出以市委常委、副市长领队，由伊春市政府、铁力市政府、伊春市文化广电和旅游局、伊春市气象局组成的团队参加中国首列"天然氧吧专列——三门峡号"专列活动，取经学习，以气象 + 旅游 + 康养资源优势，助力伊春市生态、旅游、经济融合发展。二是市委市政府与中国气象局华风影视集团共同打造"智慧氧吧城市"合作平台，双方就争创全国第一个智慧氧吧城市"伊春样板"达成了共识。三是邀请中国气象协会到伊春市就中国天然氧吧城市创建、"氧吧宝宝之城"、开通"天然氧吧专列"考察交流，制定伊春市智慧氧吧三年行动计划。

10.5.2.3 牵手康养休闲，打造"气象 + 氧吧 + 产业"经济发展新模式

在创建过程中，伊春市气象局提出了"气象 + 氧吧 + 产业"的气象服务生态旅游新模式，得到市委市政府和地方各部门、旅游企业、专家的广泛认可。一是积极打造全国首家"智慧氧吧城市试点"，立体化实时呈现全域氧吧美景，通过 10 余家国家级主流媒体渠道广泛宣传。二是首创东北区域"气象特色旅游资源全季服务"模式，丰富伊春市四时美景、全季旅游品牌。三是发挥伊春市林业资源优势，与市生态环境局合作，联合国家权威机构撰写城市低碳发展报告，树立低碳标杆。四是伊春市气象局与汤旺县签署"中国天然氧吧"推进生态旅游和防灾减灾合作框架协议，首次提出了"氧吧 +5A 景区"创新理念和深入合作举措，助力汤旺实现"生态立县旅游强县富民兴县"发展战略目标，真正做

到以氧吧创建拉动地方经济发展。

10.5.2.4　多渠道扩大宣传覆盖面，提升创建软实力

伊春市委市政府通过部门联动协同，利用融媒体渠道，采用电视、电台、报纸、发布会等传统媒体，微信、微博、网上直播等新媒体，进行广泛的宣传和推介，将"中国天然氧吧"品牌打造为助力伊春市生态文明建设和全域旅游发展的新名片。一是多途径推动氧吧城市宣传。通过组织开展首届中国天然氧吧穿越系列赛——"大白鲸杯"2019中国铁力小兴安岭国际自行车赛，深度挖掘中国天然氧吧的价值，增加铁力市知名度，让铁力市成为名副其实的天然氧吧旅游城市。多次组织伊春市10县区选拔优秀企业，携带特色好产品参加中国天然氧吧旅游节和博览会，让氧吧好产品有机会走出伊春，接轨国际。二是建设一批"中国天然氧吧城市"网红打卡地。目前已建成并投入使用的途远铁力萌宠部落是铁力的乡村大地上诞生新一站人气网红打卡地，2022年国庆假期7天接待超2万人次，引爆铁力乡村旅游。2023年在伊春市南山公园、红松广场和志愿者广场设立"中国天然氧吧城市"标志，通过航拍、自媒体、参观等形式广泛宣传，打造伊春网红打卡地。三是加大宣传投入力度。伊春市政府已与华风集团达成合作意向，通过CCTV-1/CCTV-13《朝闻天下天气预报》栏目，对伊春全域氧吧地区进行宣传和展示，为伊春城市宣传和生态旅游发展助力添彩。

10.5.3　主要经验和思考

"中国天然氧吧"创建是推进生态文明建设、践行习近平总书记"绿水青山就是金山银山"发展理念、全面贯彻习近平总书记到伊春考察时提出的"让老林区焕发青春活力"的政治嘱托、立足高质量转型发展全局做出的一项重要举措。

"中国天然氧吧城市"的创建是与伊春"生态立市，旅游强市"发展战略相契合的，是落实发展战略的重要举措和有力抓手。未来，伊春市将始终坚持以"两山"理念为引领，全力打好"生态+""森林+"王牌，用好"中国天然氧吧城市"等气候品牌，精心塑造"氧吧宝宝之城"品牌，精心打造"氧吧伊春""绿色伊春""碳汇伊春"。同时要加强与天然氧吧经济研究院的合作，进一步加快推动"数字氧吧经济"发展，联合推进"中国天然氧吧城市"生态旅游发展合作框架协议，共同谋划举办"氧吧经济"系列活动，推动伊春市10县（市）区打造"一县一品"氧吧好产品，进一步提升森林生态旅游城市品牌形象，让氧吧经济造福伊春市，加快推动伊春市高质量发展。

11 伊春市林下经济产业发展气象服务技术

伊春作为 2013 年国务院发布的《全国资源型城市可持续发展规划（2013—2020 年)》确定的 18 座林业资源型城市之一，在全面停止天然林商业性采伐之后，成为典型的资源枯竭型城市。面对不利的条件，伊春市开始了积极的全面转型，积极应对全面停伐和过剩产能调整带来的巨大冲击，努力发展优势替代产业，成功引进华能、汇源等一批战略投资者，森林生态旅游、森林食品业增加值占 GDP 比重已达 26%。

11.1 政策引导林下经济

伊春城市经济转型都是在政府相关规划文件指导下实施的，国家及省市均出台相关的城市转型文件，来指导城市经济转型，比如，《全国资源型城市可持续发展规划（2013—2020 年)》《大小兴安岭临朐生态保护与经济转型规划》《黑龙江省资源型城市经济转型专项规划》《伊春市林业资源型城市经济转型试点方案》《关于加快推进林业产业发展的实施意见》等，政府在木材精深加工，森林生态旅游、绿色食品、北药、木制工艺品等方面给予优惠和政策。经过 10 多年的发展，伊春市基本形成了森林食品业、北药产业、木业加工业、森林生态旅游业、绿色矿业、新能源产业等六大产业。在 2016 年出台的《关于加快推进林业产业发展的实施意见》中，提出多元化加快优势特色产业发展，加快推进林果、食用菌、北药、生态旅游、苗木花卉、特色养殖、山野菜、绿色粮豆、林木精深加工、矿泉水 10 个重点林业产业及林下经济全产业链建设。

伊春市作为我国的林业产业基地，林下经济不断发展，其中依托林下衍生了森林食品产业、北药产业、森林旅游业等，更是依托森下资源开发出蓝莓果汁、蓝靛果果汁、木耳茸饮，以及花青素、红松子坚果油、速冻山野菜、蓝莓果干、果酱、果饼等系列产品，并涌现一批新品牌。随着南岔、汤旺河、红星、铁力 4 个"森林百草园"和金南公路北药产业带规模逐步扩大，北药产业不断发展，企业加工能力持续提升。伊春市的林下经济在伊春市经济比重中占有重要地位，在伊春市经济转型中起到了推动作用。

11.2 伊春市"北药"道地中药材种植产业发展现状

伊春市是黑龙江省中药材核心产地和战略发展区，按照"大力发展中医药产业"的战略部署，伊春市已形成了产业化开发、规模化经营、多元化发展的新格局。铁力市气象局引进哈中药四厂药材，利用当地提供的土地建设成中药材种植示范园，2019年北药种植面积达到13000亩，同比增长15.8%。南岔格润药业百草园种植基地在2015年种植各种药材1375亩的基础上，种植党参、柴胡、黄芪、甜叶菊，使基地规模达到了2075亩。红星区积极挖掘本地土地资源潜力，努力加大平贝种植的力度。汤旺河区天一药业苍术种植规模达到5.1万亩，带动周边地区种植面积达6.2万亩，还引进芍药、龙胆草等品种近2000亩。

伊春市已初步形成了产业化开发、规模化经营、多元化发展的格局，走出了一条以"制药兴财政，药材富百姓"的路子。2020—2022年成功获批多个示范县项目、繁育基地、中药材示范强县、强乡（镇）、强村、交易市场（集散地）。2022年争取到省中药材基地建设项目资金4850万元，占全省资金总量的38.32%。依托良好的生态资源，伊春市把北药产业作为转型发展的重点产业强力推进，突出"大森林、原生态、道地药"品牌优势，着力打造"黑龙江省中医药发展先行示范区"。目前全市共有药企13户，已建成各种类种植、养殖、野生抚育基地190余个，药材种养抚育大户200余户，获批省级中药材基地建设示范县、种子种苗繁育基地和高标准农田项目20个以上。截至2022年年末，全市完成中药材种植抚育面积78万亩，同比增长11.43%，全年中药材产量达2万吨，一产产值达31.8亿元，北药产业连续3年保持双位数增长，呈现出前所未有的发展态势。

伊春市气象局近年来围绕伊春市林都特色中药材种植与气象条件的关系做了详细的调查研究，为林都北药种植示范园区规划布置了观测基地，与北药产业服务中心始终保持密切合作。为树立大食物观概念，进一步做好"土特产"文章，伊春市气象局打造"天然氧吧"特色好产品，抓住契机，发挥伊春市"绿色生态"优势，不断提升林都北药知名度，将生态优势转变为绿色生产力。

11.3　道地药材概念

"道"是唐代相当于现代中国的三南三北六大区或省级的行政区划，"地"是"道"以下的具体产地，道地药材是一个不可分割的名词术语。道地药材精练而准确地表述了质量、药效优于一般药材，是地域、时空、人文的集合概念。现在普遍认为，道地药材就是指在特定的自然条件和生态环境区域内、在特定的时节所生产的药材。

道地药材之所以不同于普通药材，其根本原因即在于自身的品质。我国土地辽阔，地形错综复杂，气候条件多种多样。不同地区的地形、土壤、气候等条件，形成了不同的道地药材。道地药材是在中医的实践中被发现，并被加以理论总结和指导。具体表现为发现药物的功效、扩展药物的种类、指导中药的应用，以及检验药材质量上。我国地域辽阔，不同地区环境条件变化大，经过长期的生产实践，各个地区都形成了一批适合本地条件的道地药材。道地药材与地域是不可分的，根据我国中药资源的分布区域、历史沿革和功能评价，我国可分成15个区域特色明显的道地药材产区。

伊春市山多林密、气候适宜、土壤肥沃、自然条件优越，种植药材土地资源丰富，适合种植的品种较多，生产潜力很大，种植的道地药材质量好、药效高。伊春市政府大力发展中医药产业，突出大森林、无污染、绿色优质的优势，依托伊春市森林氧吧、湿地绿肺等独特自然资源，推动中药材养殖基地建设，提升林都北药知名度。

11.4 气候条件对伊春市中药材种植的影响

依据生长季的热量、水分条件，将伊春市气候区划分为：①温和湿润区：铁力市西南部平原、嘉荫县。②冷凉湿润区：铁力市东北部。③温凉湿润区：大箐山县、金林区、伊美区、友好区。④寒冷湿润区：丰林县、汤旺县。

11.4.1 热量资源

根据地面标准气候值（1991—2020 年），伊春市平均气温为 0.1 ~ 2.5℃，由南到北呈递减趋势，以铁力市 2.5℃为最高，以汤旺县 0.1℃为最低。

1 月是全市最冷月，月平均为 –25.0 ~ –20.9℃；最热月为 7 月，月平均气温为 19.9 ~ 22.2℃。春秋冬日较差大，在其他条件适宜时，有利于北药中药材生长发育。日平均气温稳定通过 10℃初日，南部和北部分别在 5 月上旬和 5 月中旬（表 11.1）。

表 11.1 伊春市各地月平均气温 ℃

月份	1 月	2 月	3 月	4 月	5 月	6 月	7 月	8 月	9 月	10 月	11 月	12 月	平均
铁力	–21.7	–16.3	–5.5	5.7	13.7	19.4	22.2	20.2	13.6	4.6	–7.6	–18.8	2.5
伊春	–20.9	–15.5	–5.7	5.0	12.5	17.8	21.1	19.1	12.4	3.8	–8.6	–19.0	1.8
丰林	–22.2	–16.9	–7.1	4.1	11.8	17.3	20.7	18.6	11.7	2.7	–9.9	–20.3	0.9
汤旺	–22.5	–17.6	–8.2	3.3	11.1	16.5	19.9	17.7	11.0	2.0	–10.9	–20.9	0.1
嘉荫	–25.0	–19.4	–7.3	4.9	13.1	18.6	21.9	19.8	13.1	3.7	–10.0	–22.5	0.9

11.4.2 光能资源

伊春市年均日照时数为 224.7 ~ 2500.2 小时，有利于光合产物的积累和质量、品质的提高。由此可见，伊春市日照对药材生长发育是有利的（表 11.2）。

表 11.2　伊春市各地月日照时数　　　　　　　　　　　　　　　　　　　　小时

月份	1月	2月	3月	4月	5月	6月	7月	8月	9月	10月	11月	12月	合计
铁力	150.8	186.8	237.3	221.8	248.9	243.6	231.2	217.7	216.7	180.4	150.1	130.6	2415.9
伊春	154.9	192.0	234.8	221.2	240.2	223.3	218.2	203.5	198.7	178.2	149.5	130.0	2344.5
丰林	144.6	179.0	217.0	208.4	224.5	212.3	209.9	197.1	189.3	171.8	143.4	127.4	2224.7
汤旺	159.7	197.2	235.4	217.2	233.4	225.4	218.3	212.1	199.6	176.3	144.7	132.7	2352.0
嘉荫	162.5	199.4	250.1	238.4	247.0	247.2	238.6	229.9	210.0	182.5	151.1	143.5	2500.2

11.4.3　降水资源

伊春市年平均降水量为 605.5～664.5 毫米，雨量分布不均，降水集中在 6—8 月，占全年降水量的 62.3%。1—2 月冷空气强盛，降水量为 5.2～7.3 毫米，3—5 月为 12.9～63.4毫米，9—10 月为 29.7～72.1 毫米，11—12 月为 10.6～15.6 毫米。伊春市中药材生长季在6—8 月，保证了中药材的用水需求（表 11.3）。

表 11.3　伊春各地月降水量　　　　　　　　　　　　　　　　　　　　　　毫米

月份	1月	2月	3月	4月	5月	6月	7月	8月	9月	10月	11月	12月	合计
铁力	5.2	5.9	13.5	23.4	59.7	119.1	167.8	139.7	70.0	32.9	14.3	10.9	662.4
伊春	6.1	6.5	14.4	26.8	56.5	125.7	161.8	137.0	72.1	32.4	14.5	10.7	664.5
丰林	6.3	6.8	13.8	30.4	63.4	105.6	153.0	132.4	70.4	30.0	15.6	10.6	638.3
汤旺	6.0	5.6	13.4	28.8	61.1	101.7	148.0	124.8	61.7	29.7	14.0	10.7	605.5
嘉荫	7.3	6.6	12.9	26.2	63.4	98.6	143.2	120.6	69.4	32.0	15.3	12.3	607.8

11.4.4　影响伊春市中药材种植的主要气象灾害

中药材的生长发育要求一定的气象条件，当其生长发育出现气象灾害、所要求的气象条件不能满足时，就会影响中药材的正常生长和成熟，如低温冷害、霜冻、干旱等。资料统计结果表明，伊春市出现严重灾害性天气的概率较低。有些气象灾害对中药材生长关键期影响较大，是影响中药材产量的主要因素，对中药材栽培是不利的，如春季的终霜、倒春寒、低温阴雨，夏季的暴雨、洪涝等。

11.5 伊春市中药材栽培主要品种平贝的气候条件分析

11.5.1 平贝生长环境因素

伊春红星平贝为地理标志产品，产品保护范围为伊春森工红星林业局有限责任公司的清水河、五星河、汤洪岭、汤北、红星所、二杨、共青、汤南等林场分公司所辖区域。平贝分布于温带针阔叶混交林区，多生于红松针阔叶混交林下。是早植春植物，鳞茎小、须根少、吸肥力较差，地上部分生长期仅 55 ~ 60 天，故适宜生于水肥充足而富有腐殖质的土地上，喜清凉、清润的气候。抗逆性强，具有耐低温，怕高温、干旱的特性。其对生长环境的要求为：年平均气温 2 ~ 5℃，1 月平均气温 -20 ~ -17℃，7 月平均气温 20 ~ 23℃，温度年较差 40℃左右；终霜期 5 月中下旬，初霜期 9 月中下旬，无霜期110 ~ 120 天；年平均降水量 750 ~ 1000 毫米，多集中在 7—9 月；土壤含水量 20% ~ 30%的条件下生长良好。能在气温 -40 ~ -30℃的严寒下越冬而不发生冻害。在东北地区，3 月下旬至 4 月上旬，温度在 2 ~ 4℃即顶冻出苗，4 月上旬至中旬，温度在 3 ~ 5℃展叶；5 月上旬，温度在 10 ~ 14℃开花，花期 7 ~ 15 天。温度在 13 ~ 16℃时进入生长盛期，开花后 1 个月左右的 6 月上旬，温度 17 ~ 19℃，果实陆续成熟。6 月上旬，气温 28℃以上、平贝鳞茎所在土层温度达到 20℃以上时，地上植株枯萎，进入夏眠，即完成 1 个年生长发育过程。平贝母生育期较短，仅 60 天左右。7 月上旬至 8 月下旬越冬芽开始生长发育，并形成新须根和子贝。冬季进入休眠。

11.5.2 伊春市气候条件对平贝的适应性分析

根据 1981—2010 年伊春市气候资料统计，伊春市 5 月中旬气温为 11.8 ~ 14.2℃，5 月平均气温为 11.1 ~ 13.7℃，满足平贝开花、生长旺盛期的生长环境要求。6 月果实成熟季，月平均气温为 16.5 ~ 19.4℃，果实陆续成熟。生长期间降水量为 56.5 ~ 125.7 毫米，平均月日照时数为 224.5 ~ 248.9 小时。可见，在平贝生长期，该区域温度、降水、热量对其生长有利。

伊春市北部终霜期晚，最晚可出现在 6 月上旬，对平贝的展叶、开花有一定影响。根据伊春市土壤监测公报分析，伊春市南部 3—6 月土壤干旱，不利于平贝生长。7—8 月伊春市进入雨季，月降水量在 120.6 ~ 167.8 毫米，此时平贝进入夏眠时期。降水集中，如果田间排水不好，会造成平贝鳞茎腐烂。

11.6 伊春市初终霜日的气候变化特征

初终霜的日变化对农林业生产和耕作模式具有一定的影响。伊春市地势西低东高、南低北高，呈南北向狭长状，地域辽阔，由于南北区域地理特征不同，植被类型不同，致使南北地带初霜日期明显不同。

11.6.1 资料选取和研究方法

选取伊春市 3 个气象观测站点（嘉荫、伊春、铁力）2001—2015 年的逐年初终霜日、最低气温、地面最低温度，整理数据分析资料时间序列的趋势变化，参照《作物霜冻害等级》气象行业标准和中国科学技术蓝皮书第 5 号《气候》，把地面最低温度低于 0℃作为霜冻指标。初霜日定义为下半年首次出现地面最低温度 ≤ 0℃的日期，终霜日定义为上半年最后一次出现地面最低温度 ≤ 0℃的日期。

11.6.2 初终霜日变化特征

11.6.2.1 初霜日时间分布特征

3 个站平均初霜日期出现在 9 月中下旬，嘉荫站 2011 年出现在 9 月 9 日，铁力站出现在 9 月 17 日，伊春站出现在 9 月 19 日。从线性趋势看，铁力、伊春两个站初霜日期总体呈现略推后趋势，其中伊春站自 2011 年开始初霜日出现日期推后较明显，嘉荫站初霜日变化有明显的年际特征，呈 W 形分布。初霜日的推后，使农作物在成熟后期遭受初霜冻危害的可能性降低，直接影响农业生产布局，可延长作物的生育期、提高单位面积的农业生物产量。铁力县可适当发挥当地热量资源。

11.6.2.2 终霜日时间分布特征

3 个站平均终霜日期出现在 5 月上中旬，铁力站终霜日最早出现在 4 月 29 日，最晚出现在 6 月 7 日，其中出现在 5 月的有 13 年；伊春站终霜日最早出现在 5 月 2 日，最晚出现在 6 月 7 日，其中出现在 5 月上旬的有 8 年；嘉荫站终霜日最早出现在 4 月 27 日，最晚出现在 5 月 27 日，其中出现在 5 月上中旬的有 10 年。从终霜日时间分布来看，3 个站的终霜日期呈提前趋势，伊春、铁力两个站的终霜日除 2008 年外其他年份出现日期趋势大体一致。

11.6.3 影响初终霜的因子

11.6.3.1 最低气温与地面最低温度

选取的 3 个站 15 年资料中，出现初终霜日的最低气温平均分别为：嘉荫站 0.3℃、伊春站 –0.5℃、铁力站 1.9℃，其中铁力站大部分最低气温 > 0℃，只有 3 天 < 0℃。地面最低温度平均分别为，嘉荫站 –1.9℃、伊春站 –0.6℃、铁力站 –0.6℃。根据定义，地面最低温度 ≤ 0℃作为霜冻指标，从历年资料统计看，嘉荫站有 2 天、伊春站有 3 天、铁力站有 9 天。

11.6.3.2 云和降水

一般情况下，有云和降水时出现霜冻的可能性较小，但冷空气达到一定强度时仍能出现霜冻。3 个站 15 年的资料中，嘉荫站有 6 天 08 时的天空状况为 10⁻/0，伊春有 2 天为 10⁻/0，铁力有 4 天为 10⁻/0，且都是在高空冷涡系统影响下，有较强的冷空气影响，其余时间多数为晴空或者有少量云。

11.6.3.3 风

风力较大不易出现霜冻，当风力大于 5 级，且冷空气不强时出现霜冻的可能性较小。15 年中嘉荫站夜间风最大为 4.7 米 / 秒，伊春站夜间风最大为 3.2 米 / 秒，铁力站夜间最大风为 6.7 米 / 秒。

11.6.3.4 相对湿度

近地面层的相对湿度对初霜冻的出现有一定影响，3 个国家气象站 15 年资料中出现初终霜日的夜间相对湿度大部分在 80% 以下，其中嘉荫站 97%、伊春站 73%、铁力站 100% 相对湿度在 80% 以下。嘉荫站夜间相对湿度最大为 89%，有中高云、微风，伊春站夜间相对湿度最大为 98%，有微量云、微风，铁力站夜间相对湿度最大为 77%，微风、少云。湿度较大时高空都有强冷平流影响，地面低压移出后受高压控制。

11.6.3.5 地形

伊春市大部分属于山区，在同样的天气条件下山地夜间辐射降温比平原明显，山地夜间因辐射冷却，山坡上的冷空气下沉，比平原更易出现霜冻。嘉荫站受黑龙江影响，铁力站大部属于平原，三地地形差异明显，因此初终霜日预报要分别根据不同地形考虑。

11.6.4 天气形势及个例分析

伊春市出现的霜冻均属于平流辐射霜冻，预报的着眼点是分析环流形势的演变、预报强冷空气的侵入。受冷空气控制时，根据高空形势和地面气象要素值确定辐射冷却降温的幅度，从而预报霜冻出现的时间、范围和强度。统计 2001—2015 年 3 个站的初终霜日的历史资料，分析大的环流形势和天气系统，15 年中出现的天气系统主要有低涡、槽、脊、西北偏西气流，地面高压、地面低压、地面高低压过渡带。其次，根据对形势演变的分析订正 850 百帕温度值的预报和地面天气系统及降水预报，并且参考多种数值预报产品，综合比较、判断，得出结论。

影响 3 个站的天气形势概率见表 11.4。

表 11.4　2001—2015 年嘉荫、伊春、铁力站高空形势概率　　　　　%

站名	涡	槽	脊	西 / 西北气流
嘉荫	35	30	13	22
伊春	26	26	5	43
铁力	35	43	9	13

影响 3 个站的地面系统概率见表 11.5。

表 11.5　2001—2015 年嘉荫、伊春、铁力站地面系统概率　　　　　%

站名	高压	低压	高低压之间
嘉荫	30	35	35
伊春	57	26	17
铁力	44	39	17

按照冷空气活动过程，天气形势大致可分为以下 4 种：

（1）超级地路径。2001 年 5 月 16 日 20 时 500 百帕高空图上伊春市北部受极地气流控制，冷空气自北向西南影响，地面受高压控制，降温明显、速度快、时效短。嘉荫站 850 百帕上空温度为 3℃，5 月 17 日早嘉荫站最低地面温度 -2.8℃，为 2001 年嘉荫终霜日。

2010 年 9 月 16 日，贝加尔湖上空为一槽，槽前为弱脊，黑龙江受偏西气流控制，冷空气自北向南压，极地冷空气强，系统加强为冷涡，整个黑龙江省受地面高压控制，伊春站晴朗无云。17 日伊春市区出现初霜，冷空气继续南压，20 日 850 百帕温度，嘉荫站达到 0℃，铁力站 21 日达到 -1℃，伊春市自北向南出现大面积霜冻。9 月 16 日、21 日、22 日分别为伊春、嘉荫、铁力站的初霜日，21 日、22 日嘉荫、铁力站的地面最低气温 < -3℃。

（2）超锋区主体冷空气东移型。2004 年 5 月 26 贝加尔湖为低槽，贝湖前为高压，伊春市受低压影响，低槽东移的过程中，与地面较强低压配合，伊春市产生降水，随着低压移出，降水结束，之后转为晴好天气。冷空气东移，强蒙古高压移近黑龙江省，在转为高压控制时出现霜冻。2004 年 5 月 27 日铁力站为终霜日。冷槽东移进黑龙江省内时切断形成东北冷涡：冷涡移动缓慢，有时控制黑龙江省 2~3 天，地面有较强低压活动，有降水或天空有云，同时风力较大，不利于霜冻的出现；当冷涡即将移出，天气转好，地面上庞大的蒙古高压向东南方向移动，在等压线变得稀疏或转为高压控制时将出现霜冻。2009 年 9 月 22 日铁力站 850 百帕温度 3℃，为初霜日。

（3）西北路径。高空基本为西北气流控制，冷空气沿西北路径侵入黑龙江省，地面为高压控制，风力较小，当冷空气强度和辐射因子配合较好时即可出现霜冻。2007 年 9 月 23 日，嘉荫站出现初霜，高空形势为槽后西北气流影响，冷空气主体在伊春北部，地面有高压配合，高压中心 1027.5 百帕，嘉荫站夜间少云，08 时有高云，夜间多以静风为主，辐射降温明显。

（4）低涡类。低涡控制下的天气常伴有云、雨、风等天气现象，不利于地面辐射降温，一般情况下不易出现霜冻，但是低涡中心东移出黑龙江省，地面转为高压脊控制时，第二天容易出现霜冻。2008 年 9 月 24 日伊春站出现初霜，23 日高空 850 百帕为温度 0 线控制，低压已经移出，高压移近，9 月 24 日伊春地面最低温度为 -1.2℃，夜间晴空无云。

12 伊春市刺五加北药产业气象服务

　　伊春市是黑龙江省中药材核心产地和战略发展区，北药种植、加工产业发展势头良好。为贯彻落实党的二十大报告精神，树立大食物观概念，做好乡村振兴气象服务保障，助力乡村振兴和农业强国建设，助力黑龙江省特色农产品产业高质量发展，进一步做好"土特产"文章，伊春市气象局近年来围绕伊春林都特色中药材种植与气象条件的关系做了详细的调查研究，为林都北药种植示范园区规划布置观测基地，与北药产业服务中心保持密切合作。伊春市气象局打造"天然氧吧"特色好产品，抓住契机，发挥伊春"绿色生态"优势，提升林都北药知名度，将生态优势转变为绿色生产力，强化特色农业气象服务能力建设和品牌创建，全面提升特色农业气象服务效益。

12.1　刺五加北药产业气象服务中心依托单位

12.1.1　伊春市北药产业服务中心

　　伊春市北药产业服务中心是为了推动中医药产业发展，更好地为全市种植、养殖、加工企业服务而成立的参公单位。单位编制 14 人，内设综合科、技术服务科、市场信息科等科室。伊春市依托良好的生态资源，把北药产业作为转型发展的重点产业强力推进，突出"大森林、原生态、道地药"品牌优势，着力打造"黑龙江省中医药发展先行示范区"，初步形成了产业化开发、规模化经营、多元化发展的新格局。北药产业服务中心与黑龙江中医药大学签署协议，聘请 19 位教授组成伊春市北药专家顾问团。建立了以黑龙江省林业科学院伊春分院和伊春市农业研究中心为主导的市级技术研究推广体系。目前全市共有药企 13 户，已建成各种类种植、养殖、野生抚育基地 190 余个，有药材种养抚育大户 200 余户，获批省级中药材基地建设示范县、种子种苗繁育基地和高标准农田项目 20 个以上。截至 2022 年年末全市完成中药材种植抚育面积 78 万亩，同比增长 11.43%，全年中药材产量 2 万吨，一产产值 31.8 亿元。北药产业连续 3 年保持双位数增长，呈现出前所未有的发展态势。

12.1.2　南岔县农业农村局

　　南岔县农业农村局围绕建设"南岔循环林业生态区，发展北药种植示范基地"的定位，在科学调查与论证的基础上，放胆实施"北药小镇"建设，大力发展中药材种植，助推农业产业结构调整，展开北药种植区域布局。全县有野生中药材品种 300 余种，主要产品有五味子、刺五加、防风、黄柏、黄芪、苍术、赤芍、升麻、白鲜皮、玉竹、灵芝。

2022 年北药种植面积已经达到 90042 亩，其中大田种植北药 8529 亩，林下改培 81513 亩。

12.1.3　伊春市气象台

伊春市气象台是伊春市气象局直属事业单位，承担市辖区和未设立气象机构四区两县的气象预报预警综合服务、森林防火服务、气象为农服务、生态氧吧气象服务、气候影响评价等服务工作。气象台共有业务人员 14 名，其中正高级工程师 1 名、副高级工程师 4 名、工程师 3 名、助理工程师 2 名。伊春市气象台在关键农事季节制作春耕春播、秋收等气象服务专题预报，每周制作 1 期《农业气象信息专报》，每旬、月分别制作农业气象旬月报，在重大天气过程前制作重要天气专报，对作物生长发育所需的气象条件进行预测和评估，指导林下经济作物生产。

12.2　刺五加北药产业气象服务中心成员单位

12.2.1　北药特色小镇种植基地

北药特色小镇种植基地包括伊春森林百草园中药材种植有限公司、伊春神农中药材种植有限公司和伊春市三岔河先农中药材种植有限公司。

伊春森林百草园中药材种植有限公司是一家从事中药材种植销售、林木育苗销售、林木育种销售等业务的公司，成立于 2005 年 7 月 8 日。公司坐落在伊春市南岔区，企业的经营范围为中药材（不含麻醉药品及精神药品）种植、销售。伊春神农中药材种植有限公司是一家从事中药材种植、食用菌种植、中药材初加工等业务的公司，成立于 2013 年 2 月 28 日。公司坐落在伊春市南岔区三岔河林场，企业的经营范围为中药材（不含麻醉和精神类药材）、食用菌种植、中药材初加工（清洗、晾晒）、林木育苗等。伊春市三岔河先农中药材种植有限公司是一家从事中草药种植、谷物种植、豆类种植等业务的公司，成立于 2016 年 4 月 5 日。公司坐落在南岔县二中家园，企业的经营范围为中草药种植、谷物种植、食用菌种植和食用农产品初加工。

12.2.2　汤旺县今生康健中医药健康产业园区

汤旺县今生康健中医药健康产业园区在汤旺县，有种植龙头企业 2 家、北药种植合作社 5 家、其他北药种植户 46 家、中药材初加工厂 2 家、中药展示园 2 个、种苗基地 1000 余亩。林下种植药材主要品种有刺五加、苍术、赤芍和白鲜皮。

12.2.3　伊春市北药种植示范园

伊春市北药种植示范园依托越橘庄园蓝莓酒堡管护经营林地 543 公顷，是利用酒堡地块 120 亩优质土地等资源，大森林、原生态的自然环境，在伊春市生态经济园区越橘庄园适宜地块建设的典型中药材种植示范基地。特色品种有刺五加、黄芪、黄芩、金莲花、百合、苍术、桔梗、白鲜皮、赤芍、紫苏等 10 余种。聘请专业团队，有效保存优质中药材遗传物质，收集筛选、试验培育小兴安岭药食同源和药用动植物优良品种，保护道地药材基因及选育优良品种。不断加快种业科技创新和技术推广，提高道地药材种子种苗品质和供给能力，建设集种植示范、文旅、观赏、产学研用于一体的综合示范园。

12.2.4 丰林县红星镇北药种植及管护基地

丰林县红星镇具有发展北药的优越自然条件和种植基础，境内有多个单品种规模化种植基地，三杨林场刺五加野生抚育基地、清水河平贝种植基地、汤南林场林下参五味子林下改培基地、科斯特林场返魂草种植基地、霍吉河林场满山红保护基地等，其中刺五加改培基地 3000 亩，可年产刺五加茎 60 吨；平贝种植基地通过中药材生产质量管理规范认证，也是国家地理标志产品。

12.2.5 市（县）气象台

伊春、铁力、丰林、汤旺、嘉荫气象台负责综合气象观测、天气预报预警、人工影响天气作业指挥、生态气象、氧吧服务及农（林）业气象保障服务等工作。针对刺五加等地方特色中药材，开展林下经济作物气象技术研究，并将科研成果应用于特色中药材气象保障服务中，为伊春市中药材产业发展及品牌创建做出贡献。

12.3 刺五加北药产业气象服务中心功能定位

12.3.1 服务对象

决策用户：面向政府和中药材种植业管理部门。

专业用户：面向全市中药材种植合作社、种养殖大户等直通式服务对象。

重点用户：面向龙头企业开展适用技术推广、科研攻关，提供定制服务。

12.3.2 功能定位

依托伊春市"天然氧吧"生态优势，增强刺五加中药材气象服务的针对性和有效性，提升产品科技内涵，打造"天然氧吧"特色好产品，实现中药材特色农业气象服务标准化、专业化、集约化和品牌化。

12.3.3 目标任务

开展刺五加等北药气象监测预报预警等公益服务和决策服务，积极帮助服务对象开拓专业气象服务市场；编制刺五加北药相关业务服务规范与标准，完善服务关键指标，研发服务核心技术，细化全发育期服务方案；利用现有技术条件，开展特色中药材观测与试验，研究中医药材种植的气象条件，对中药材做精细化长势监测和评估；定期和不定期制作发布特色农产品精细化服务产品，上传至黑龙江省气象预报服务业务一体化平台和"伊春气象""林都北药"微信公众号；组建刺五加北药气象服务专家联盟，组织开展农情会商和业务技术交流，对中药材特色气象服务提供技术支持；承担刺五加北药气象业务科技项目，开展特色农产品气象服务，科技成果业务转化、技术推广试验与服务示范活动；开展直通式服务，建立"智慧气象＋中医药产业服务模式"，每年更新一次服务对象信息；每年至少组织两次农情灾情调查和服务需求调研活动，采集用户反馈意见并进行归纳总结和分析；每年开展一次服务效益评估活动，根据用户实际使用情况对服务产品进行调整优化；通过前期气象服务中心建设成果，打造"森林氧吧"品牌效应，提升林都北药知名度，不断扩充中药材气象服务中心规模。

12.4　刺五加的生境与分布及经济效益

12.4.1　刺五加的生境与分布

刺五加的基原植物为五加科植物刺五加，以干燥的根和根茎或茎入药，具有益气健脾、补肾安神的功效。刺五加的幼叶可做山野菜食用，叶可做保健茶，果可酿酒。

药用植物刺五加为五加科刺五加属多年生落叶灌木，生于森林或灌丛中，喜温暖湿润气候，耐寒、耐微荫蔽。适宜在向阳、腐殖质层深厚、土壤微酸性的沙质壤土生长。分布于黑龙江（小兴安岭、完达山脉、老爷岭）、吉林、辽宁、河北和山西等省。朝鲜、日本和俄罗斯也有分布。

12.4.2　刺五加的经济效益

刺五加的经济效益见表 12.1。

表 12.1　刺五加的经济效益

种植方式	育苗移栽
建议种植土地	排水良好、向阳、土质深厚的沙质壤土
生长年限	4～5 年
种苗用量	700 株/亩
种苗价格	1 元/株
土地价格	400 元/（亩·年）
生长期人工肥料等投入	600 元/（亩·年）
产量	1000～1200（干重）千克/亩
价格	20 元/千克
亩产值	20000～24000 元/亩
净利润	14000～18000 元/亩

因土地、种子种苗、农资等价格，人工成本、药材产量、药材收购价格等方面的不确定性，表 12.1 的经济效益分析只是概算，仅供参考。

12.5 伊春市刺五加北药产业气象服务

12.5.1 示范基地

依托越橘庄园蓝莓涯堡管护经营林地543公顷，利用酒堡地块120亩优质土地等资源，大森林、原生态的自然环境，在伊春生态经济园区越橘庄园适宜地块建设典型中药材种植示范基地，开展特色中药材观测与试验，建有一套4要素自动气象站。

12.5.2 服务基础

围绕中药材种植与气象条件的关系做详细的调查研究，与北药产业服务中心保持密切合作，为种植示范园区规划布置观测基地，为中药材种植提供定期和不定时天气预报、预警信息，开展中药材种植气象服务，为伊春中药材种植业提供坚强有力的气象保障服务。

12.5.3 服务对象

向种植大户提供直通式气象服务，同时也将各地农业农村局相关人员信息纳入气象灾害预警信息发布平台，遇到转折性、灾害性天气第一时间为其提供灾害预警，便于早期预防。

12.5.4 服务产品

制作农业气象服务材料，每旬制作1期《农业气象旬报》、1期《土壤水分监测公报》，每月制作1期《农业气象月报》，在春耕春播期间每周制作1期《春耕春播气象服务专报》，秋收期间不定期制作《秋收农业气象形势分析》，对气象条件进行评述，提出合理化建议，指导农业生产及农事活动。

开展直通式服务，通过手机、邮箱、微信服务群针对需求发布气象服务产品，并通过"伊春气象""伊春发布""南岔发布""大箐山发布"等公众号及时推送，扩大气象信息覆盖面。

12.5.5 专业队伍

建立了由伊春市气象台、伊春市北药产业服务中心、南岔农业农村局、伊春森林百草园中药材种植有限公司、伊春神农中药材种植有限公司、汤旺县气象台等13人组成的专业队伍，伊春市气象局与成员单位建立了互联互通的交流机制，适时开展农业气象服务决策咨询和技术指导。

12.5.6 运行机制

与南岔农业农村局2022年签订了合作协议，双方建立了长期的合作关系，共同助力北药产业工作质量提升。伊春市、铁力市气象台，丰林县、汤旺县、嘉荫县气象台为当地北药种植产业提供专业气象服务。

12.5.7   服务事例

2022年5月18日伊春市气象台2名高级工程师为九峰山原始林地和北药种植区提供服务需求,在倒春寒、低温冷害防治方面给予专业知识讲解和指导,趋利避害,利用气象科技支持药材种植产业发展。

2022年4月18—24日,伊春市平均气温偏低、降水偏少,伊春市药材已播种0.38万亩,低温天气对作物的萌芽存在抑制作用。伊春市气象台制作了一期服务信息专报,分析了近期气象条件的影响,并建议要加强育秧棚防寒、防风、保暖等措施,注意检查加固棚室结构,避免低温、大风天气影响。

2022年6月1日,伊春市气象台制作发布农业气象服务月报,提示伊春市有阶段新低温,建议各地加强田间管理,注意防治苗期病虫害,同时注意预防强对流天气引发的冰雹、大风和雷电等灾害。

2023年4月11—17日,伊春市气温低,降水多,针对春耕期间对田间耕作的不利影响,伊春市气象台制作了气象服务专报,对未来1周天气进行预测及影响分析,指出个别时段有雨雪混合性降水,对农业生产有不利影响,建议抢时耕作,积水地块排淤散墒。

12.6   存在的问题与发展需求

气象服务产品质量有待进一步提高。目前制作的气象服务产品、中药材气象服务专题仍存在内容较为单一、针对性不强、精细化程度不高等问题,中药材气象为农服务的效益未得到充分发挥,基层台站人员对农业生产不熟悉成为气象为农服务的一大制约。气象为农服务长效机制尚不健全。要充分发挥气象服务在北药种植和林下经济建设中的基础性作用,需要建立长效的支持机制。

需完善与涉农部门的合作机制。要充分发挥农业专家对中药材特色气象服务工作的指导,在进一步强化部门资源共享的基础上,强化部门专家在服务会商、灾害调查、为农服务技术研发、专业技术人才队伍建设等方面的合作,发挥"专家联盟"作用,建立与北药产业、农业、统计等部门联合开展常态化产量预测会商的机制,每年与北药产业及农业部门共同开展农情、灾情调查。要联合农业农村局积极推动地方各级政府将气象为农村服务、为林下经济服务工作纳入当地公共服务体系,将农村气象灾害防御工作纳入政府公共财政预算和政府责任清单,以保障气象为农业、林业服务建设工作取得长期的效益。

12.7   未来发展设想

在现有基础上扩大伊春市中药材气象服务中心规模,向其他地市辐射。加强北药种植示范基地园区气象科技自动化建设,为北药种植产业气象服务构建有力数据支撑,增强重点区域气象灾害监测能力。开展气候因子与药材生态适应性研究,对气候进行评价,对药材品类进行溯源，对骨干种植品种进行气候品质认证。在人员招聘上向林业气象和农业气象方向倾斜，吸纳既懂林下经济种植又懂气象的复合型人才。联合开展人才培养，邀请农业农村局、气象局双方专家共同组织技术培训，同时依托新型林下经济培训，培育一批掌握中药材气象应用的林业种植户，以点带面，充分运用气象知识服务中药材生产。

13 伊春市气象旅游服务

13.1 伊春市主要气象旅游资源及气象条件分析

气象旅游资源是气象旅游发展的基础与吸引物来源。伊春市拥有丰富的气象旅游资源，涵盖了山水之美、自然奇观、历史遗存的多个方面。在这广袤的土地上，游客可以领略到不同气象条件下的独特景观，感受到大自然的鬼斧神工，伊春市气象旅游具有极高的观赏、利用价值和广阔的开发前景。通过精细化气象服务，因地制宜发挥气象避灾减损、赋能增益作用，可以不断丰富火热升级游客的旅游体验。

鉴于不同地理、自然气候和人文历史差异，所形成的不同气象旅游资源数量和种类，中国气象服务协会发布了《气象旅游资源分类与编码》（T/CMSA 0001—2016），根据气象旅游资源存在的时间、空间、性质、特征等性状，将我国气象旅游资源划分为3个大类14个亚类84个子类（表13.1）。

表 13.1　气象旅游资源类型划分

大类	亚类	子类
天气景观资源	云雾、雨露、冰雪、风、光、极端天气、奇特天象	共计 53 个子类
气候环境资源	气候养生、气候体验、气候景观、古气候遗迹	共计 20 个子类
人文气象资源	气象与历史、人造景观、人造设施与建筑	共计 11 个子类

根据以上分类，伊春市气象景观资源主要有云雾景、冰雪景、日月景，气候环境资源主要有气候养生、气候体验、气候景观、避暑旅游项目、天然氧吧旅游。

13.1.1 云雾景

13.1.1.1 大箐山云海

云海是一种壮观的自然景观，是指在一定的条件下形成的云层。它与地形、湿度、温度等因素密切相关。高湿度、稳定的大气层和适宜的温度差异是形成云海的关键条件。云海的形成不仅美丽壮观，还反映了大气的变化和气候的演变。通过观察云海的形成和变化，可以预测一定的天气状况。

大箐山主峰海拔1203米，是小兴安岭的第二高峰，山间云蒸雾聚、变换翻腾，给人一种身处神仙境地、飘飘欲仙的美妙感觉，堪比新疆禾木村。多变的山地气候和大箐山茂密的森林造成的云雾景观吸引着众多摄影爱好者。

大箐山年气温变化较大，昼夜温差大，夏季雨量充沛，气候湿润。湿度是云海形成的关键，湿度越大，空气中的水汽含量就越高，形成云的概率也就越大。当空气在山脉隆起处受到阻挡、无法继续上升时，水汽会饱和，从而形成云。这些云沿着山脉地形延伸，形成连绵不断的云海。温度也是影响云海形成的重要因素，当受到冷空气的影响时，空气温度会下降，水汽会凝结成云，而温度较高的地区，很难形成云海。稳定的大气层也是云海形成的重要条件之一，当大气层稳定、空气垂直运动不明显时，往往更容易形成云海；如果大气层不稳定，空气会不断上升、下降，就不容易形成云海。适宜的温度差异也是形成云海的关键，当地面温度较低、高空温度较高时，容易受到冷空气的影响形成云海，如果温度差异较小，很难形成云海。

通过观察云海的形成和变化，可以预测一定的天气状况。比如，当云海逐渐消散或变得更加稀疏时，预示着天气转晴；而当云海突然出现或变得更加密集时，预示着天气将转阴或有降水。

13.1.1.2　库尔滨雾凇

库尔滨雾凇岛位于红星火山岩地质公园北部7000米处，是林都伊春冬季摄影大赛推出的十大景点之一。库尔滨水库的水电站每天发电都要释放0℃以上的水，河水常年不冻，形成了浓浓的雾气，和冷空气融合交锋，便形成了壮观的仿若童话世界的雾凇奇景。

库尔滨雾凇的最佳观赏时间为11月下旬至翌年3月底，尤其是12月下旬到翌年2月。这段时间雾凇景观尤为壮观。7—10点为最佳观赏时间，8—9点是摄影的黄金时段。如果遇到较强冷空气，观赏期可能提前至10月。库尔滨雾凇形成的周期长，可达4个月之久，雾凇每天的停留时间多达10小时。库尔滨水电站下游沿岸长达15000米的雾凇林，面积达到300平方千米。库尔滨河是一条由山地平原和大山共拥的河流，东岸峭壁如刀削般巍然屹立，河中怪石嶙峋，西岸火山岩高低错落、撒满银雪，似孩童手中的棉花糖，让人不忍触摸，也使得众多摄影家们"折腰"于此。

13.1.2　冰雪景

每年的12月至翌年2月为伊春市的冬季，降雪量平均19.9毫米，大雪日数平均20天。伊春市因夜间或凌晨气温较低，雪凝固程度较高，因此雪质好，雪柔美、纯净，雪期长，雪景与森林交相辉映，成为冰雪摄影的胜地，适合开展冰雪活动。围绕"森林冰雪欢乐季"，伊春市推出滑冰滑雪、冰雕雪雕、林海穿越，冰屋美食等旅游项目，打造了冰雪旅游线路，推出森林大雪圈、森林雪地温泉、森林雪屋等五大系列产品、十大特色美食和15个网红打卡地。在冰雪季伊春市内的街道和公园都会被精美的冰雪雕塑所装饰，人们可以参加各种冰雪活动，如滑雪、冰壶比赛、雪地摩托等。此外，还有灯光秀和烟花表演，夜晚的冰雪节形成一片绚烂的光彩。文化和旅游部资源开发司推出2023—2024全国冬季乡村旅游精品线路，伊春成功入选"林区乡愁，滚烫年味"精品线路，游客可以通过参与各种冰雪活动体验冰雪风情。

13.1.3　日月景

伊春南岔闲翁山基本处于原生态，一年四季景色宜人，其中春夏秋三季是观赏日出映雾海的最佳季节，最佳观赏日出时间为 3 点半至 4 点到达山顶为宜。看日出最基本的条件就是云量少、能见度高、地平线背景对比度高，仙翁山满足这些条件情况下，很容易看到美轮美奂的日出。云量少、温差大是最好的效果，使空气中水分最大限度液化，不容易产生云层；能见度高、空气湿度低，温差最好比较大，这样空气湿度就不容易接近饱和产生雾。从气象学角度来看，云是影响日出观赏效果的重要因素之一。云的厚度、高度和分布都会对太阳的升起和落下产生影响。一般来说，较厚的云会阻挡太阳的光线，使得天空变得昏暗，而较薄的云则可以让太阳的光线穿过，呈现出一种朦胧的效果。此外，云的高度也会影响日出的观赏效果。如果云较低，太阳会从云中升起，形成一种"金光闪闪"的效果；而如果云较高，太阳则会从云的上方升起，呈现出一种较为平淡的效果。其次，从光学原理角度来看，日出时太阳的光线经过大气层的折射和散射后，会呈现出一种红色的效果。这是因为大气层中的气体和微粒对不同波长的光线有不同的折射和散射效果，使得红色的光线更容易到达地面，而其他颜色的光线则被散射到不同的方向。因此，即使在多云的天气条件下，如果云层较薄且高度合适，太阳的光线仍然可以透过云层，呈现出一种红色的效果。有些人还会选择在多云的天气条件下观看日出，因为这样的天气会让日出显得更加神秘和浪漫。

13.1.4　气候景观

13.1.4.1　红星大平台火山地质公园杜鹃花海

该地质公园始建于 2002 年，2008 年列为省级地质公园。公园位于小兴安岭北坡，公园形成于火山喷发，为燕山结构运动、河流改道等原因所致。每年 5 月中上旬，姹紫嫣红的杜鹃花衬着黑色的玄武岩恣意绽放，形成美丽的杜鹃花海洋，石在花中，花在石上，花依着树，树护着花，别样的花海，别样的风景。杜鹃花期短，每年因气温、降雨等气象因素，花期会提前或延后 3~5 天。5 月中下旬，伊春市自南向北各地平均气温在 12~16℃，是杜鹃花从南至北递次盛开的最佳观赏期。这个季节里，可以在山野春游，追赶春天的花。

13.1.4.2　秋季五花山

五花山是指伊春市因秋天特有的气候变化而自然形成的美景，就像打翻了调色盘一样，大自然的神笔把伊春市的万顷森林勾画出一幅色彩斑斓的美丽油画。每年秋季，天气转凉，昼夜温差增大，受早晚冷空气侵袭，树叶开始慢慢变色，树种和植被叶子深浅不同的绿、白、黄、红、紫色开始呈现出来，形成如诗如画的五花山。线条随着纬度和温度的变化，在伊春市境内从南向北漫山铺开。伊春南北长 425 千米，跨越 4 个纬度带，有着茂密的亚寒带针阔混交林，9 月开始霜降，秋季早晚温差大，植被和气候这两大自然条件都在伊春体现得淋漓尽致。伊春市南北温差 8℃左右，最北部 8 月下旬初见红叶，南部可持续到 10 月中旬，根据伊春市历年五花山观赏期可知，树叶平均于 9 月 17 日进入变色期，国庆假日前后基本上全部变色进入最佳观赏期,平均 10 月 3 日开始落叶,至 10 月 10 日左右五花山景观观赏结束。每年国庆假期或中秋节前后是五花山色最绚丽之时。此时,可以沿着山路行进,欣赏秋日的阳光透过树叶洒在地面上的斑驳光影,感受秋高气爽。

13.1.4.3　嘉荫县"恐龙之乡"

嘉荫恐龙国家地质公园位于嘉荫县,是中国第一块恐龙化石的发生地。早在 1 亿年前,黑龙江省东部地区广大的陆台遭受到长期的剥蚀和褶皱后,开始产生断层,形成了一些断陷盆地和湖泊。嘉荫县附近形成一个大湖,其周围地区发育了各种类型的河流相、三角洲、湖泊相。这个大型内陆淡水湖泊,其岩线发育具有封闭海湾的特征。当时气候湿润,湖面和湖底生长着繁多的水生植物;还有大量的鱼类、螺、蚌、龟、鳖等。到白垩纪末,随着地壳升降运动,使大湖周围生物不断减少,湖中的泥沙量增大,湖水面积从大到小,湖中的生物由新生、兴旺,到衰枯、死亡,自然环境发生了巨大的变化。或许是大陆加速分离漂移,海洋环流变得复杂;或许是火山活动使昔日的浅海向后退去;或许是太平洋周围生起了许多大山脉,使地球的气候变冷;或许是植物更替,可口的裸子植物被难吃的被子植物所代替。在白垩系后期的 3000 多万年里,恐龙的数目不断减少,最后终于全部灭绝了。嘉荫市特殊的地质环境为恐龙灭绝时化石的形成和保存提供了有利的条件。

13.1.5　天然氧吧旅游

天然氧吧作为一种新兴旅游业态,是由中国气象局建构的首批气候生态品牌之一。伊春市拥有丰富的植被、清新空气和优美自然风光,拥有较高的负氧离子含量,被誉为"天然氧吧",游客可以感受大自然的清新空气和宜人气候。在自然植被茂密的伊春市,呼吸吸收大量的新鲜空气,有助于改善身体健康。近年来,天然氧吧相关关注度呈现出增长趋势,进一步表明天然氧吧开始进入游客视野,逐渐成为游客旅行的备选项。

2023 年 12 月 19 日,在河南省三门峡市召开的第二届中国气象旅游产业发展大会上,伊春获评"中国特色气象旅游城市"称号。同时伊春作为东北唯一入选的城市,凭借显著的天然氧吧知名度和优秀的城市形象,博得全国网友和粉丝的高度关注和好评,以高票荣获中国天然氧吧网络热门旅游典型案例第一名。气象旅游城市评价,可以促进气象服务与旅游业的融合,推动气象服务的专业化、精细化发展,同时展示城市的气象旅游资源和旅游服务水平,为旅游业提供更加优质的服务,全方位提升城市的知名度和美誉度。

13.1.6　22℃气候养生避暑胜地

伊春市的夏天平均气温接近 22℃,是我国北方为数不多的"22℃最舒适气候带"之一,大于 35℃的高温天气平均不到 1 天,夏天是一年当中人体感觉最舒适的季节。按照气象学上的规定,每 5 天为一候,当候平均气温达到 22℃临界温度时,就是春天和夏天或者夏天和秋天的分界点,正因为如此,22℃才成为"最宝贵"的温度,纷纷提出打造22℃的凉爽避暑目的地。古希腊神奇"黄金分割比"0.618,医学研究表明,季节的 0.618大约在 7 月底或 8 月初,这个时候人体血液中淋巴细胞最多,此时人的免疫力最强,用0.618 可以解释人为什么在 22℃的环境条件下感觉最舒服。因为人的正常体温 37℃,与

0.618 的乘积是 22.8℃。有关医学也表示 22℃左右的温度范围可以让人体的新陈代谢处于正常状态，不会感到过热或过冷，同时也不会影响人体免疫力、血液循环和心血管系统，有利于自身呼吸道和身体健康，肌体的新陈代谢、生理功能均处于最佳状态，所以会让人感觉比较舒适。在这一温度下，人脑的思维最为敏捷，心情舒畅，工作效率高。

中国气象局公共气象服务中心和中国气象服务协会颁布的《伊春气象指数绿皮书》中，针对伊春气候特征、气候舒适度指数、气候适游期指数、避暑旅游适宜指数、生态环境特征，考虑温度、湿度、风速、日照等指标计算得出各月温湿指数、风效指数来表征气候舒适度。伊春市各县市避暑旅游气候均达到很适宜或适宜级别，非常适宜避暑旅游度假。伊春的空气中蕴含丰富的负氧离子，夏季可达 8000～10000 个 / 厘米^3，超过一般地区和城市的数倍以上，是名副其实的北纬 47°上"最迷人的夏天"。

13.2　伊春市气象旅游服务创新思考

气象旅游资源的开发和利用，应根据特点和吸引功能，在资源的数量区位特征、品位和趣味等质量方面进行规划开发，重视气象旅游产业链的打造，加强合作与交流。

应充分利用伊春市生态优势，创新发展天气气候景观、避暑气候康养、冰雪旅游等产品，不断提升"气象 + 旅游"的附加值；利用科技手段提升气象旅游服务质量，推动气象预报预测技术、信息技术在气象旅游中的应用，通过不断提升气象服务水平，实现气象旅游的可持续发展，为伊春市旅游业注入新的活力。

参考文献

[1] 齐宁.伊春市生态城市建设的问题与对策[D].哈尔滨：哈尔滨工业大学，2015.

[2] 张壮.小兴安岭森林对气候变化的响应及其适应性管理：以伊春为例[J].北方经济，2017（9）：72-74.

[3] 侯贤广.伊春市森林康养旅游环境质量综合评价研究[D].哈尔滨：东北林业大学，2019.

[4] 孔繁磊.伊春主要森林公园旅游环境质量评价及开发研究[D].哈尔滨：东北农业大学，2007.

[5] 刘吉春.伊春林区生态旅游资源评价的研究[D].哈尔滨：东北林业大学，2001.

[6] 岳增蕾，朱巍.林下经济对城市转型作用的探讨：以伊春为例[J].现代农业研究，2019（11）：87，93.

[7] 亓化龙，贺萍.伊春市近60年气温与降水的气候变化特征分析[J].环境保护与循环经济，2021，41（12）：70-72.